NHKエグゼクティブ・ディレクター 片岡利文

ラピダス

Rapidus

ニッポン製造業復活へ最後の勝負

ビジネス社

はじめに――ラピダス・小池社長との二〇年前の出会い

「ねえねえ、聞いてくださいよ。きのう洗濯機が壊れたんで買い替えようと電気屋さんに行ったら、半導体不足で一か月待ちだって言うんですよ。もうびっくりしちゃって」

同僚のチーフ・プロデューサーが、そう話しかけてきたのは一昨年の夏だった。コロナ禍がもたらした半導体不足が暮らしにどのような影響を及ぼしているのか、「クローズアップ現代」で取り上げられないかという相談話へとつながるのだが、彼女と同じような経験をされた方はかなりいらっしゃるのではないだろうか。結局彼女は夫と交代で家族の洗い物を抱えてコインランドリーを往復したり、汗だくになった我が子の下着を風呂場で手洗いしたりと、大変なひと月を過ごすことになった。

我が家でも給湯器の調子が悪くなってきたので、壊れる前に新しいものに買い替えようかと施工会社に問い合わせたところ、同じように半導体不足で何か月待ちという返事だった。真冬に給湯器が壊れてしまったご家庭などは、きっと大変なひと冬を過ごされたことだろう。

ここで言う半導体とは、主にシリコン（ケイ素）で作られた電子部品で、ＩＣとかＬＳＩなどと呼ばれる集積回路のことである。電気信号のオンとオフの切り替えを制御することで、情報を処理したり、記憶したりする機能を持つ。いわば製品の頭脳の役割を果たす部品だ。

炊飯器に火加減などをコントロールする集積回路・マイクロコントローラー（いわゆるマイコン）が組み込まれたのはもう四〇年以上前のことだが、洗濯機や給湯器というデジタルとは縁のなさそうな製品までが、いまや半導体なくしては作り得ないという現実に、ＮＨＫのディレクターや解説委員として長年ものづくりの現場を取材してきた私自身もあらためて感慨を覚えずにはいられない。このコロナ禍の三年ほど、生活全般にわたって半導体という電子部品の重要性を思い知らされたことはない。

そしてもう一点、かつて電子立国と謳われた日本が、家電などの製品はもとより、製品の頭脳となる半導体まで海外に依存しているという現実をも突きつけられた。事実、一九八〇年代後半に世界の五〇％を超えた日本の半導体のシェアは、いまや一桁だ。

半導体はどうやら私たちが暮らしていく上で欠かすことができないもののようだ、という認識が世間にかなり浸透した去年一一月、新たな半導体メーカーが時代の表舞台に躍り出た。会社の名前は、Ｒａｐｉｄｕｓ（ラピダス）。世界最先端となる二ナノメートル（一〇億分の二メートル）世代の微細加工技術を実用化して、ロジック半導体と呼ばれる電子機器の頭脳を超短納期で作り上げることを目指す受託製造会社、いわゆるファウンドリだ。

「目指す」と書いたのは、今の時点でこの会社にはその技術がないことを示す。現在、世界が実用化にこぎ着けようという最先端の微細加工技術は三ナノメートルレベル。それに対し、日本のロジック半導体の微細加工レベルは四〇ナノメートルと、桁外れに遅れている。その差は、実に「一〇年から二〇年」とされている。三十数年前には世界の半導体市場を牛耳っていた日本が、逆になぜこれほどの差をつけられてしまったのか。

その疑問への答えは追々明らかにするとして、件のラピダスは研究レベルで二ナノメートルの技術を持つアメリカのＩＢＭと協力し、二〇二七年までに北海道千歳市で工場を立ち上げ、操業を開始する計画を立てている。つまり、最大二〇年の差を五年で埋めようというのだ。しかも、先端を走る海外のライバルメーカーは、ラピダスが追いつくのを待ってくれるわけもない。

一見夢物語とも思えるラピダスの構想が注目されたのは、この新会社に国が七〇〇億円の補助金を出すと発表したからだ。しかも、日本を代表する企業八社が、計七三億円の出資を決めたことも、驚きをもって受け止められた。ラピダスは、ニッポン半導体の再生という国策を背負って登場したのだ。

　しかし、そもそもラピダスの構想を描いたのは、経済産業省ではない。出資した日本を代表する大手企業八社でもない。半導体技術者であり経営者でもあるひとりの男がシナリオを描いた。小池淳義《こいけあつよし》さん、七〇歳。ラピダスの社長を務めることになった人物である。

　筆者である私が、小池さんと出会ったのは二〇年前の二〇〇三年のこと。NHKスペシャル 二一世紀日本の課題「よみがえれ日本経済 技術立国の再生～国際競争力をどう取り戻すか」（二〇〇三年五月放送）という番組で、日立製作所の子会社として設立された半導体製造会社・トレセンティテクノロジーズを取材したときだった。小池さんは、日立から出向してトレセンティテクノロジーズを創り、その社長を務めていた。

ラピダス・小池淳義社長

　小池さんと意気投合するきっかけとなったのが、私が制作に携わったNHKスペシャル「常識の壁を打ち破

れ 脱・大量生産の工場改革」（二〇〇一年五月放送）という番組を、小池さんがたまたま見ていたことだった。トヨタ生産方式の生みの親である大野耐一氏の教えを受けた産業コンサルタント・山田日登志さんが、長大な分業ラインを一人屋台生産方式という究極のセル生産へと変えていくドキュメンタリーだ。

その番組を見た小池さんは、自分が目指す超短納期の半導体づくりに山田さんの手法を取り入れられないかと思案していた。私が初めてトレセンティテクノロジーズを訪ねたとき、話の流れで「あの番組を作ったディレクターさんですか！」となった。

その縁もあり、NHKスペシャル「復活なるか ニッポン半導体 密着・世界の壁に挑む男たち」（二〇〇四年一月放送）という番組では、日立製作所と三菱電機のマイコン部門が統合されたルネサステクノロジ（現ルネサスエレクトロニクス）のシステムLSIを、小池さんがセルチームなる少人数グループを結成して超短納期で製造する挑戦に密着した。

小池さんはトレセンティテクノロジーズを、親会社から独立させ、世界中から半導体の製造を請け負うファウンドリにしようと構想していた。しかし、その構想は、トレセンティテクノロジーズをルネサスが自社の専用工場として召し上げたことでついえた。

もし、小池さんのトレセンティがファウンドリとして独立を果たしていたならば……。

現在、台湾のファウンドリであるTSMCの圧倒的な存在感と日本のロジック半導体の凋落ぶりを見せつけられるにつけ、パラレルワールドへの想いが膨らむ。ラピダスの挑戦の原点には、このトレセンティの挫折がある。

トレセンティテクノロジーズの社長を解任され、ルネサスの技師長の椅子を用意された小池さんだったが、まもなくアメリカの半導体メーカー・サンディスクにアメリカ本社上級副社長兼日本法人社長として迎えられ、三重県四日市での東芝とのフラッシュメモリーの共同生産においてサンディスク側の責任者を務めることになる。

その転身を小池さんから初めて聞いたとき、アメリカの経営者は人をよく見ているものだと感心した。しかし、小池さんの前途は容易なものではなかった。元サンディスク社員による研究データ流出事件、ウエスタンデジタルによるサンディスクの買収、パートナーである東芝半導体部門の売却など、さまざまな試練に直面し、それを乗り越えていく様を筆者は見続けてきた。小池さんからは、たまに連絡をいただき、年に何度か会って、プライベートも含めた近況報告や情報交換を重ねてきた。

そして、ラピダスの構想を初めて聞かされたとき、これは本当の話なのかと驚きつつ、上気するほどの興奮を覚えた。二〇年ほど前に一度は挫折した構想を、齢《よわい》七〇を迎えようという小池さんが、国や大手企業も巻き込んださらに壮大な枠組みで実現しようと動いている。もちろん国から助成される七〇〇億円という莫大な資金をもってしても、二ナノメートル世代の微細加工でロジック半導体を量産する工場は到底作ることはできない。桁が二つ違う。

他にもできそうにない理由はいくつも挙げられるが、ひとつ明らかなことがある。もし、このプロジェクトが成功しなければ、おそらく日本の半導体産業がかつてのような輝きを取り戻すチャンスは、二度と訪れないだろう。そして、デジタルトランスフォーメーションが本格化し、高性能半導体の需要がますます高まる中、その主導権を失うことは、半導体産業にとどまらず、日本のあらゆる産業の低迷につながりかねない。

まさに日本にとってのラストチャンスだ。そして、このニッポン半導体の再生をかけた取り組みは、日本の産業の命運をかけたドメスティックなミッションのみならず、世界における日本の役割を高らかに掲げ、それを現実に世界に向けて打ち出していくワールドワイドなミッションでもある。

かつて世界でもてはやされたメイド・イン・ジャパンというブランドは、その歴史をたどってみると、実は世界の人々に豊かさを送り届けようという高邁な思想から始まったものではなく、貧しかった私たち日本人自身が豊かさを手に入れたいと力を尽くした結果、期せずしてもたらされた賞賛である。しかし、いまださまざまな問題は抱えながらも、先進国として先に豊かさを味わった私たち日本人は、自らの幸せと他国の人々の幸せをいかにして同時に実現していくかという課題に答えを見いだしていく使命がある。

社長の小池淳義さん、そして半導体製造装置メーカーのトップとして世界の半導体産業を支えてきた会長の東哲郎《ひがしてつろう》さんのこれまでの歩みをトレースするにつけ、ラピダスの挑戦に深い精神性を期待したくなる。


この本では、ラピダスのプロジェクトがいかにして立ち上がったのか、その知られざる物語を、小池さん、東さんへの取材をもとに紡いでいく。そして、小池さん、東さんをはじめ、ラピダスのプロジェクトに集結した人々がいかなる道を歩んでここにたどり着いたのか、その物語には、ニッポン半導体の栄光と敗北の技術史が色濃く映し出されている。

さらに、ラピダスの主戦場になるであろう次世代半導体テクノロジーについて描く。ひとつはＡＩチップ、もうひとつは三次元集積回路である。

ＡＩとは人工知能のこと、そのＡＩの機能を搭載した集積回路がＡＩチップである。今回、革新的なＡＩチップを開発し、その量産を間近に控えたベンチャー企業との出会いがあった。それは、これまで私が取材してきたのとは全く異なるタイプのＡＩベンチャーだった。

三次元集積回路については、この分野を切り開いた一人の日本人技術者の歩みを軸に描きたい。最新のテクノロジーともてはやされているものの向こう側には、技術者たちの長年の地道な取り組みがあることを、あらためてかみしめたい。

最後は、小池淳義さんに私がインタビューする。小池さんは、昔から大きな構想を語るのが大好きな人だ。二〇年前の番組でインタビューした際も、「大事なのは夢を持つこと」と力強く言われて、小池さんらしいと思いながらも、もう少し具体的な話をいただければと、少々焦った記憶がある。

私はかつてソニーのCEOを務めた故・出井伸之さんにある番組で「出井さんがソニーをダメにした張本人だという声をよく耳にするのですが、ご本人はどう受け止めているのでしょうか?」という問いをぶつけたことがある。

出井さんは一瞬顔をこわばらせながらも、率直に自らの思いを語ってくれた。それが、インターネットなどで話題になり、驚きとともに極めて好意的な反響をいただいたことから、実は多くの人が同じような疑問を抱いていたにもかかわらず、それまで誰も本人にこの問いをぶつけてこなかったのだという事実にあらためて気づくことになった。そして、私が尋ねたからこそ、出井さんは自らの思いをカメラの前で語ることができ、視聴者も出井さんの考えを知ることができた。つまり「問うも親切」という気づきを、私は出井さんへのインタビューからいただいたわけだ（政治家に対してそれが通用するかどうかは、わからないが）。

今回の小池さんへのインタビューも、「問うも親切」の精神で臨んだ。紙面上でのインタビューなので、ドキュメンタリー番組のように表情、間、語調などから伝わる情報はないが、読者の皆さんが知りたい答えが引き出せていれば、幸いである。

この本は、どん底にあるニッポン半導体の再生に突き進む人々を描いた群像ドキュメンタリーである。それを私がナレーションを読むがごとく、私自身の一人称目線で描いた。

私は半導体技術者ではない。ディープラーニングG検定は突破しているが、AIを作成できるわけでもない。半導体の技術の詳細について知りたい方は、ぜひその筋の専門家が書いた書籍を手にとって欲しい。

私はものづくりやテクノロジー・イノベーション・企業戦略の分野を中心に三〇年以上企業などのインサイドドキュメンタリーを制作してきたディレクターである。九年間、解説委員を兼務した経験もあるので、難しい話をわかりやすくかみ砕いて伝える技能と、ジャーナリストとして個々の事象を俯瞰してその間に気づきの糸を見いだす力は、本職の技術者に劣らないと信じている。私が三四年にわたって蓄積してきたものづくり分野への知見とジャーナリストとしてのものの見方をすべて投入したつもりだ。

また、一〇〇年人生と謳われる超長寿の時代を迎えようという今、この世に生を受けた私たちは、長年心に抱きながらも実現できないままの思いを、どうすれば実現できるのか。古希を迎えてなおチャレンジを続ける小池さんたちの姿が、読者の皆さんにそれぞれの気づきをもたらしてくれることを切に願っている。

なお、本編では登場人物の敬称を省略していることをご了承いただきたい。

片岡利文

Rapidus《ラピダス》 ニッポン製造業復活へ最後の勝負　目次

第三章　常識破りのエンジニア・小池淳義――ニッポン半導体、栄光と敗北の技術史

第四章 ラピダスの侍たち——Mt・Fujiプロジェクト

第五章 ラピダス、始動へ

第六章 AIチップ――おじさんベンチャーの挑戦

第七章　三次元集積回路――おもてなしチップの時代へ

第一章

セブンティーズのあくなき挑戦

――ラピダスは何を目指すのか――

二〇二三年一一月一一日

本当にあの人はここに姿を現すのだろうか。

会場にはメディアの関係者が数十人は集まっているし、壇上の座席には、あの人の名前も張り出されている。しかし、私にはまだ少し現実味がない。本人から届いた記者会見の案内メールは、たしかに新会社の肩書きで送られてきた。本当に会社を作ったのだと今更ながら興奮を覚えつつ、やはりこの記者会見の場に本人が姿を現すまでは、現実として像を結ばない。こういう場にあの人が立つ姿をなかなか想像できないのだ。

その人と私はもう二〇年の付き合いになる。その人は決して世に埋もれてきたわけではない。私自身、NHKスペシャルで二度その人をドキュメントしているし、活字メディアにも登場している。自身も新聞に匿名でコラムを連載していたし、著作もある。この会社を立ち上げるまでは、アメリカのデータストレージメーカーであるウエスタンデジタルの上級副社長と日本法人の社長も務めていた。まさに世界を股にかけて表舞台を歩んできた人物である。

それでも私には、その人がまだ本当の舞台に立っていないという感覚がずっとあった。

それは、その人が一度は手にしながらも失った「夢の城」を、いつか再び手に入れる日が来るのではないかと信じていたからだ。しかし私自身、もうずいぶん前に、その日は来そうにないと感じるようになっていた。

ウエスタンデジタルでフラッシュメモリーやハードディスクの生産を統括する重要な立場にあったし、何より普通の会社員であればもう定年を迎える歳をゆうに超えている。それだけに、その人が齢七〇にして再び夢の城を築くスタートラインに立ったと知ったとき、もはやないだろうと思っていた現実を前にして、私の認識の回路は少々混乱してしまった。それほどあり得ないことに、あの人は挑もうとしている。

壇上のスクリーンには、あの人が考えたＲａｐｉｄｕｓという新たな夢の城の名が会社のロゴとともに大きく映し出されている。ラピダスと読む。ラテン語の言葉で、「すばやい」という意味を持つ。世界最先端の微細加工技術を駆使して、超ハイスピードで集積回路を製造しようという半導体受託製造会社、いわゆるファウンドリだ。そういえば、あの人は、失われたかつての夢の城にもラテン語の社名をつけていた。

会場の空気が少し揺れた。ラピダスの社長と会長が入ってきた。そこに、たしかにあの人の姿があった。名は、小池淳義という。ウエスタンデジタルの重役の椅子を捨てて、この新会社を立ち上げ、自ら社長に就任した。

ラピダス・小池淳義社長(左)、東哲郎会長(右)

そしてもうひとり、小池の相棒となる会長を務めるのは東哲郎。世界的な半導体製造装置メーカーである東京エレクトロンの前社長・会長で、業界では国の内外を問わず半導体のレジェンドとして知られる超大物だ。

壇上の席に着いた小池は無表情だが、時折どこか不敵な笑みを浮かべているようにも見える。このとき小池は七〇歳、東は七三歳。セブンティーズのあくなき挑戦、そんなフレーズが不意に浮かんできた。

私が静かな興奮を覚えていたせいだろうか、会場に集まったメディアは一斉にカメラのシャッターを切るでもなく、どこかクールに受け止めているように感じられた。前日の夕方六時にＮＨＫが新会社についてネットで打った速報は「トヨタ、ＮＴＴ、ソニーなど大手企業八社が出資して新半導体製造会社を設立」というような内容で、小池のことには一言も触れられていなかった。

この日の朝に行われた西村経済産業大臣の記者会見でも、「(次世代先端半導体の)製造基盤確立に向けた研究開発予算七〇〇億円の採択先をＲａｐｉｄｕｓ株式会社とすることにいたしました。この会社はトヨタ、ＮＴＴ、ソニー、ＮＥＣなど、国内の主要な企業が出資して設立された会社であります」と、あくまで主語は国であり、出資企業である。もしかしたら会場のメディアの中には、「東はともかく、小池についてはよく知らない」「どうせお上や出資企業に祭り上げられた経営陣だろう」などと思っている人がいるのかもしれない。

否、このラピダスは、東がその豊富な国際人脈からチャンスをつかみ、小池がそれを事業企画に仕立て上げ、そして小池と東が経済産業省・政治家・出資企業を巻き込んでここまでたどり着いた、ニッポン半導体の再生をかけたプロジェクトだ。

小池は集まったメディアに向けて、こう語った。

二〇三〇年には、例えばレベル五の完全自動運転の自動車、あるいはＡＩを使ったさまざまなアプリケーションが生み出されていることでしょう。その鍵となるのが半導体です。それゆえに国内でしっかりと半導体を作っていかなければなりません。しかしながら日本は半導体分野で大きな後れをとっています。その後れは残念ながら一〇年、あるいは二〇年近くに及びます。ここから挽回するのは、そう簡単ではありません。そして、いまがこの後れを取り戻し、我々の得意なものづくりの力で世界に貢献できる最後のチャンスだと思います。

ただし、オール・ジャパンなどと日本だけでやろうとすることには意味がありません。まず日米で戦略的に連携することです。今回ＩＢＭと連携して、二ナノメートル世代のロジック半導体の技術開発を行い、国内で短ＴＡＴ（極めて短い時間で製品を仕上げること）パイロットラインの構築と実証を行います。イノベーションを生み出すのが得意なアメリカと真にものづくりが得意な日本とがタッグを組むことが、世界にとって大きなプラスを生み出すと信じています。

五年後の二〇二七年には、二ナノメートル世代の最先端技術を持つファウンドリを日本で実現したいと思います。

私が知っているいつもの小池に比べると、語調を抑えて、より慎重に言葉を選びながら話している印象だ。会場に集まったメディアに、自分たちが目指していることを正しく理解してもらいたいという思いが感じられた。それすなわち、メディアの向こうにいる国民に対するメッセージだ。なにせ七〇〇億円という補助金、つまり私たちの税金がラピダスという一企業に投入されるのだ。そのことを国民がどう受け止めるのか、小池はこの会見を迎える何日も前から神経質と思えるほど気にしていた。

一方、会場に集まったメディアには、むしろラピダスが目指す目標の実現性について疑問を感じている空気があった。まず、さまざまな製品の頭脳となるロジック半導体で日本メーカーの微細加工技術は四〇ナノメートルレベル、せいぜい二八ナノをかじったあたりで停滞している。アメリカと連携するとはいえ、そこからいきなり二ナノメートルにジャンプできるのか。

そして何より七〇〇億円という莫大な補助金をもってしても、半導体工場を立ち上げるには全く足りないということは経済記者なら知っている。例えば、二ナノレベルの半導体の製造に必要な露光装置一台の値段が何百億円もするのである。しかもそれは、半導体を作るひとつの工程に過ぎない。それに小池は具体的な数字までは語らなかったが、二ナノテクノロジーのライセンスを受けるのに必要なＩＢＭへの支払いだけで、おそらく一〇〇〇億円は下らないだろう。さらに、これまで国が立ち上げてきた半導体に関するプロジェクトは、そのほとんどが半導体産業の活性化という点において十分な成果も出せないまま尻つぼみに終わってきたという過去もある。

質疑応答、そして会見後も記者たちは小池を囲み、今後の資金繰りの算段について問いただした。五年後の量産に向けていくら必要なのかという問いに対し、小池は試作ラインに二兆円、量産ラインに三兆円、合計五兆円は必要だと答えた。するとやはり研究開発予算とされる七〇〇億円の補助金では到底足りない。では、その先の資金はどうするのかという問いに対して、小池は「それはこれからまた経済産業省さんと話していきます」としか答えようがなかった。

単年度ごとに国が決める予算について、小池が公の場で希望的観測を語るわけにはいかない。しかし、小池と東が軸となって立ち上げたプロジェクトとはいえ、国の支援なくしては成就し得ない。アメリカでは日本円にして約七兆円、中国では一〇兆円以上の国のお金が半導体産業に投入される。一国で半導体産業を隆盛させるには、国の覚悟は絶対に必要なのだ。

それにしても、記者に囲まれ質問攻めにあう小池の姿を見るにつけ、ひとつの思いが私の中にあふれてきた。この人は自分が立つべき本当の舞台にようやく立つことができたのだと。

ラピダスが目指すもの

　ラピダスが目指すのは、ニッポン半導体の再生である。しかし、それは日本の産業力を高めて、日本が稼ぐ力を取り戻すにとどまらない。日本が本来持つものづくりの力を発揮し、アメリカをはじめとする世界と協力して、世界に貢献することが使命であると小池は強調する。この「貢献」という言葉は、実にきれいで緩くて甘い言葉である。具体的には何なのか。ラピダスの経営理念と小池の話を聞くかぎり、ひとつ明らかなのは「真のグリーンを実現する」ということだ。

　読者の皆さんも、パソコンやスマートフォンが熱を持って「大丈夫か、これ」と不安な思いをされたことが一度はあるだろう。情報処理を行うロジック半導体は、とにかく電気を食い、熱をはき出す。そしてそれを冷やすためにファンを回してまた電気を食う。とりわけクラウドサービスの要となるビッグデータをため込んだデータセンターの消費電力と放熱量、そして気候変動の一因となる二酸化炭素の排出量は地球レベルの問題になっている。

　小池が去年九月まで社長を務めていたウエスタンデジタルジャパンのホームページに

は、小池の問題意識に通じる以下のような記事がある。

データセンターの電力消費量は、さまざまな消費者の中でも最大級で、世界の電力の二%を消費しており、航空業界全体とほぼ同量のCO_2を排出しています。また、その電力消費量は、四年ごとに倍増し続けており、IT業界の中でも二酸化炭素排出量が急速に増加している分野となっています。（中略）AIだけ見ても、世界のデータセンターの電力使用量を二%から一〇%、さらに一五%まで押し上げる可能性があります。かつてないほど接続が増えた今、データを移動させるだけでも多くの電力が必要になります。

全世界で八〇〇万を超えるデータセンターにとって、増え続ける膨大なデータを格納するための管理コストと環境への影響を最小限に抑えることが、最も困難な課題の一つとなっています。（二〇二一年一二月一〇日　英語原文掲載は二〇二一年三月二四日）

ラピダスはロジック半導体の消費電力量、放熱量、二酸化炭素排出量を極限まで抑えるために、「真のグリーン化に向けてイノヴェーションを推進する」ことを経営理念の一つに掲げている（真のグリーン化の「真の」に込めた小池の思いについては第八章のインタビューで小池自身が答えている）。それを実現するために絶対に欠かすことができないのが、アメリカのＩＢＭから供与されることになった二ナノメートル世代の微細加工技術である。

ＩＢＭの二ナノテクノロジー

二ナノメートルは一〇億分の二メートル、細胞核の中のＤＮＡの直径に相当する細さだ。地球の直径を一メートルとすると、一ナノメートルはパチンコ玉の直径ほどになる。

ＩＢＭの二ナノメートルテクノロジーが発表されたのは、二〇二一年五月六日。そのプレスリリースの中で、二ナノメートルチップのメリットが以下のように列挙されている。

・携帯電話のバッテリー寿命が四倍。
・データセンターの二酸化炭素排出量を削減。
・ラップトップの機能を大幅に高速化（要は、処理速度が圧倒的に速くなるということ）。
・自動運転車のような自律型の車両について、物体の発見や反応時間の高速化に貢献。

例えば、七ナノメートル世代のチップに比べると、パフォーマンスは四五％向上、あるいはエネルギー消費量を七五％削減できるだろうと書かれている。

ところで、二ナノメートル世代のテクノロジーと言っても、集積回路の最小線幅が一〇億分の二メートルというわけではない。もちろん最小線幅はナノレベルに達しており、微細加工の技術レベルがさらに先に進んでいることに間違いはないのだが、むしろ重要なのは、ＩＢＭの二ナノメートルテクノロジーでは、トランジスタの構造そのものがこれまでとは根本的に変わるということだ。それは、ナノシートと呼ばれる技術を使ったＧＡＡ(Gate-All-Around）という構造である。

ここで少しだけ半導体について理解を深めておこう。半導体とは電気をよく通す金属などの「導体」と電気をほとんど通さないゴムなどの「絶縁体」との中間の性質を持つ物質のことで、ゲルマニウムやシリコンがよく知られている。そして半導体によって作られた代表的な素子がトランジスタだ。

トランジスタは通電のオンとオフを切り替えるスイッチであり、オンとオフで１と０を表すことによって情報の処理を行う。当初トランジスタは一個の部品だったが、シリコンチップの上に極小のトランジスタをいくつも作り上げる微細加工の技術によって集積回路（ＩＣ：Integrated Circuit）が誕生する。トランジスタの集積度が数万素子に及ぶものをＬＳＩ（大規模集積回路：Large Scale Integration）と呼ぶようになり、微細加工技術の進化によって、チップ面積あたりのトランジスタの数は劇的に増えていった。それに合わせてチップ上のトランジスタの構造も変わってきた。

二八ナノメートルまでの微細加工プロセスでは、ロジック半導体のトランジスタはプレ

微細化とトランジスタの進化

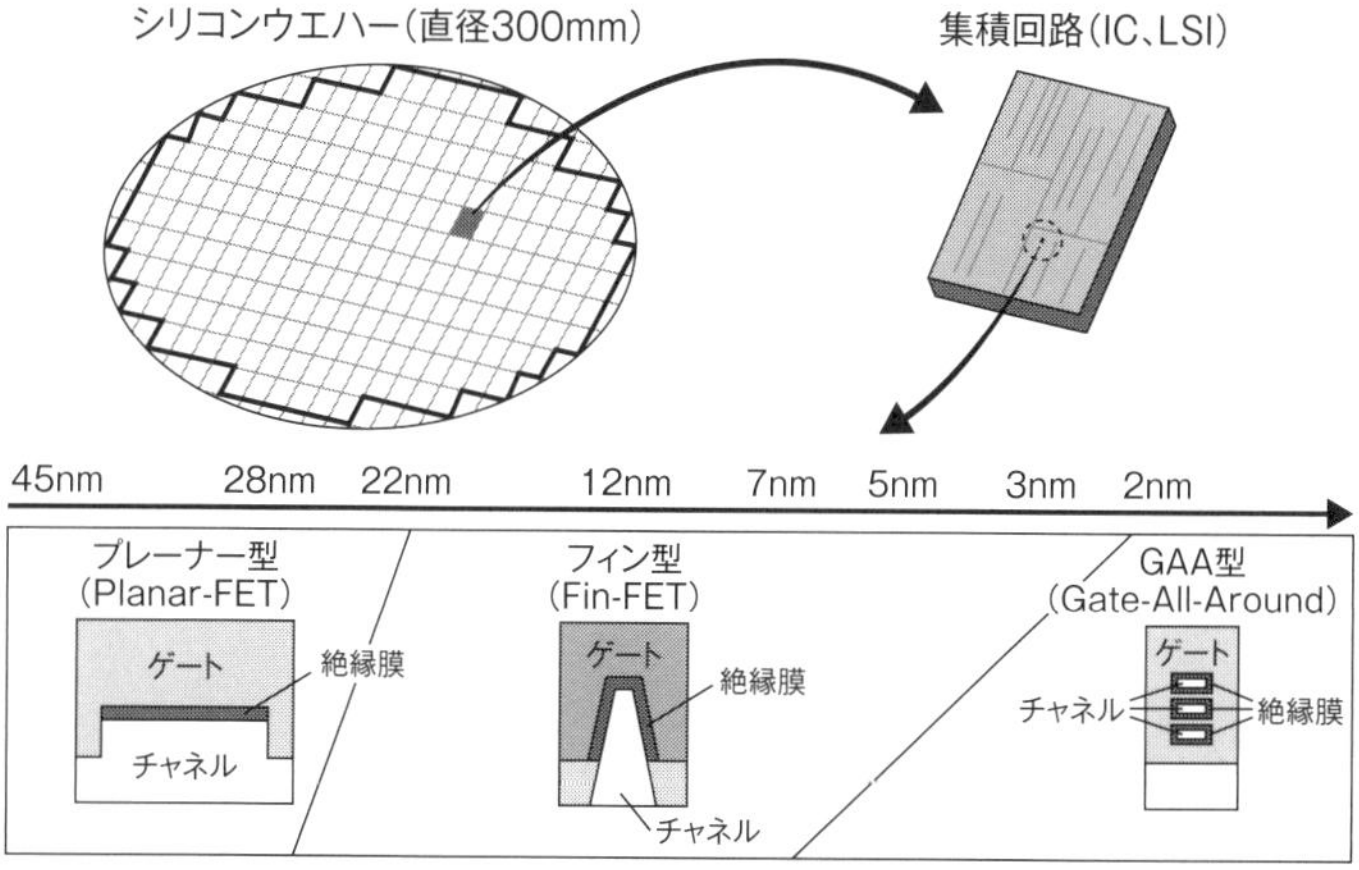

※経済産業省「次世代半導体の設計・製造基盤確立に向けて」（令和4年11月）参照

ーナー型（Planar-FET）と呼ばれる平面構造だった。しかし、そのまま微細化を進めると、リーク電流という一部の電流がすり抜けてしまう現象が起きやすくなり、トランジスタの通電のオン・オフ、特にオフに問題が発生しやすくなった。そこで二〇一一年、インテルが二二ナノ世代からフィン型（Fin-FET）という縦型構造のトランジスタをマイクロプロセッサに取り入れ、それがトランジスタ構造の主流となる。しかしさらに微細化が進んでいくと、五ナノ世代あたりからこのフィン型でもリーク電流が問題になり始めた。

そこで登場するのがGAAだ。トランジスタの中で電気信号が流れるチャネルという部分を薄いシートのような形にして何枚も積み上げ、それを電流の流れをコントロールするゲートという部分でぐるりとくるんでしまうことでリーク電流を防ぎ、しかも小さな面積に、より多くのトランジスタを集積できるようにするという技術だ。ゲートでチャネルをすべてくるんでしまうので、GAA（Gate-All-Around）と名付けられた。この技術の開発にIBMが成功した。

しかし、開発に成功したとはいえ、それを半導体製品として大量生産できなければ、技術は世に出ないし、ビジネスにもならない。その製品化と大量生産を担うのがラピダスの役割である。そしてラピダスは、半導体製品の開発と量産において、独自のビジネスモデルを打ち出した。

製品開発から顧客と伴走する

ラピダスの経営方針の筆頭に掲げられているのが「新産業創出を顧客と共に推進する」という項目だ。ラピダスは受託製造を行うファウンドリではあるが、頼まれた半導体を頼まれたとおりに作ることには甘んじない方針である。つまり、顧客企業の製品開発段階から加わり、顧客が目指す製品にピタリと合わせたロジック半導体をひざ詰めで開発していくというスタイルをとる。

ニッポン半導体の敗因の一つは、半導体の能力を生かせる爆発的な人気商品を日本のメーカーが生み出せなくなったことにある。テレビ、電卓、ホームビデオ、ＣＤプレーヤー、ビデオカメラ、家庭用ゲーム機、デジタルカメラ、カーナビなど、かつて日本にはメイド・イン・ジャパンの象徴となるエレクトロニクス製品がずらりとそろっていた。

そして大手半導体メーカーのほとんどが総合電機メーカーとして電機部門も抱えていたため、自社の半導体を自社の売れ筋の電機製品に大量に使うことで大いに稼げた。それは単なるメーカーの儲けという枠組みを超え、自動車や鉄鋼と並ぶ日本の主力産業へと育っていった。

しかしインターネットをインフラとしたデジタル社会が深化する中で、アナログ時代の勝ちパターンにいくつかの狂いが生じ始めた。そのひとつが、スマートフォンやタブレットなどのデジタルモバイル機器の登場だ。カメラと液晶画面を備えたモバイル機器は、日本が得意としてきたハードウェア製品の機能をアプリケーションと呼ばれるソフトウェアの力で次々と吸収していった。

携帯電話に初めてカメラを搭載したのも、携帯電話にｉモードというネットサービスを初めて導入したのも日本企業であるにもかかわらず、ｉＰｈｏｎｅなどのスマートフォンに携帯電話の市場のみならず、ニッポン珠玉のハードウェアの市場もごっそりと持っていかれた。

一時期、アップルのｉＰｈｏｎｅに搭載されている電子部品の多くが日本のメーカーのものだということで溜飲を下げようとする論調もあったが、むしろ部品の大半が日本メーカーのものなのに、なぜ製品プラットフォームを生み出せないのか、そのことを憂慮すべきであると、筆者は解説番組などで訴えてきた。

優れた特性を持つ部品は優れた技術とあくなき技術探求心があれば生み出せるかもしれない。しかし、プラットフォームを生み出すには、「世の中を、自分たちの暮らしを、こう変えていきたい」という、周囲を巻き込んでいくほどの強烈な思いと問題意識、構想力が必要である。そしてプラットフォームを握っていないがゆえに、パソコンでもスマートフォンでも肝心の頭脳となる部品であるプロセッサは、アメリカの企業にがっちりと押さえられている。

小池の考えは、ラピダスが製品の開発段階から加わることで、プラットフォームになるような製品を生み出し、それを核に新たな産業の創出にまでつなげようというところにある。それを日本企業とともに実現できればベストだが、小池はこの製品開発伴走モデルを、日本企業に限らず、世界を相手に展開しようと考えている。日本の十八番とも言える「アイデアを形にする力」に、いま一度価値を見いだそうという試みであり、小池流にいえば、その力で世界に貢献しようという試みとなる。

ビジネスの視点からいえば、製品開発の段階から協業することで、単なる下請けの部品納入業者を超えた共同開発者として主導権の一角を握ろうという思惑もあるだろう。このスタイルをとらなければ、いくら最先端の半導体のみ扱うビジネスモデルといえども、結局コストダウンのスパイラルへと追いやられてしまいかねない。

製品専用の半導体を作る

ラピダスが製造を手がけることになるロジック半導体は、製品のあらゆる機能をコントロールする、いわば頭脳となる半導体だ（頭脳は頭脳でも、情報の記憶を担当する半導体はメモリーである）。マイクロコントローラー、CPU（中央演算処理装置）、GPU（画像処理装置）、システムLSI（SoC）などと呼ばれるものが代表的なロジック半導体である。

ラピダスは製品の開発段階から伴走するというスタイルをとることから、原則として汎用の半導体は作らず、製品ごとに最適化された専用の半導体を作ると宣言している。

製品に合わせた専用半導体を提供するというビジネスモデルについては、二〇年前に小池をドキュメントした番組での強烈な記憶がよみがえる（二〇〇四年一月放送、NHKスペシャル「復活なるか　ニッポン半導体　密着・世界の壁に挑む男たち」）。

当時、携帯電話といえば、ＧＳＭという通信方式をとっていたノキアやシーメンスなど欧州のメーカーが市場で主導権を握っていた。経営統合で再出発したばかりのルネサステクノロジは、そうした欧州メーカーの携帯電話の頭脳となるシステムＬＳＩの受注獲得をビジネスの柱に据えていた。

システムＬＳＩとは、プロセッサ、メモリー、音声処理、画像処理、通信などさまざまな機能を一枚のチップの上に一つのシステムとしてまとめ上げた半導体である。欧州メーカーの要望に合わせてオーダーメイドで開発した専用のシステムＬＳＩを売り込むことをソリューションビジネスと呼んでいた。しかし、取材を進めるにつれて見えてきたのは、顧客企業の開発事情に振り回され、日本円にしてワンチップ一〇〇〇円そこその値段での納入を迫られ、試作を提出したにもかかわらず、失注するという厳しい現実だった。完全な下請けビジネスだ（ＡＳＩＣと呼ばれる特定の機器や用途向けに作られた集積回路でも同様のことが起きていた）。

このとき試作の製造を担当した小池は、今回のラピダスと同じように短ＴＡＴ、つまりハイスピード短納期でチップを仕上げる能力を顧客にアピールすれば受注獲得を確かなものにできると信じていた。何年か後に小池にシステムＬＳＩビジネスについて尋ねたとき、沈んだ声で「あれは手間がかかるわりにコストが合わない」とつぶやいた。当時四か月ごとにモデルチェンジの動きがあったとされる携帯電話では、一台の携帯電話のために専用のシステムＬＳＩを作っても、ライフサイクルが短いので数がそれほど大量には出なかった。しかも受注できたとして、単価は驚くほど低かった。

では、今回はどうなのか。まずいちはやく二ナノ世代のテクノロジーをものにできれば、間違いなく強力な武器になるだろう。また短ＴＡＴなものづくりにコストを支払おうという文化も二〇年前に比べれば育っていると小池は言う。ただ、専用の半導体に特化するとなれば、それになりに高く売らなければ採算はとれない。製品開発伴走モデルに賛同する顧客を確保し、下請けビジネスには決して陥らないことが重要だが、そう都合よくことを進めることができそうなのか、これも第八章で小池に問うている。

開発拠点LSTC

さて、ラピダスの当面のミッションは、ＩＢＭから供与される二ナノテクノロジーを量産技術にまで昇華させ、ビジネスとして離陸させることである。しかし、半導体産業の競争力を長期的に強化していくには、その一点勝負だけでは不十分だ。

しかもラピダスは、世界の先端半導体生産の七割を牛耳る台湾のファウンドリ・ＴＳＭＣ（台湾積体電路製造）との差別化を図るため、常に最先端から三世代までの微細加工しか行わないというビジネスモデルを掲げた。それは二ナノどころか、その先の技術の開発にも取り組み続けなければならないことを意味する。

そこで、アメリカで設立される国立半導体技術センター（ＮＳＴＣ）やベルギーのｉｍｅｃ（アイメック）など海外の研究機関とも連携して次世代半導体技術を研究・開発する拠点も設けられることになった。技術研究組合最先端半導体技術センター（ＬＳＴＣ）という組織だ。ラピダスの記者会見と同じ一一月一一日に西村経済産業大臣が設立を発表している。

ラピダスのパイロットラインを利用して新技術を研究・開発し、生み出された新技術の事業化をラピダスが担う。また、ラピダス側からの要請に応じて、新技術の研究・開発も行う。センターの理事長には、ラピダスの会長を務める東哲郎が就任する。東はＬＳＴＣに対し、半導体の要素技術の開発のみならず、新たな最終製品のイメージまで想定した開発を求めていく考えだ。ＬＳＴＣについては、その設立の経緯も合わせて第五章で後述する。

人材を育てろ

ラピダスは経営理念にこんな項目も掲げている。

多くの大学、研究機関と連携し　この分野を拡大していく人材育成を核とする

経営理念に「人材育成を核とする」とまで書かれているのは興味深い。裏を返せば、これから日本の先端半導体分野を担っていけるエンジニアが十分には育っていないと理解できる。日本のロジック半導体の微細加工レベルが四〇ナノメートルあたりで停滞していることはすでに述べたが、素直に考えれば国内にはそれより先の技術を身につけたエンジニアはいないということになる。

しかも、日本の半導体メーカーは企業の合従連衡も含め、リストラを繰り返してきた。かつて半導体の仕事に携わりながらも現在は少し違う分野の仕事に就いているエンジニアも少なくない。ラピダスの採用面接には五〇代、さらに六〇代の人材が多くやってくるというが、こうした人材が持っているのは、おそらく「枯れた技術」である。

四〇代になると、エンジニアの層がぐんと薄くなる。この年齢層が就職年齢にあったころ、ニッポン半導体はすでに凋落の坂を転げ落ちていた。ラピダスでも四〇歳前後のエンジニアの確保に苦労していると聞いている。

そしてさらに若い世代になると、半導体という分野への関心すら薄くなっているようだ。

小池は東京大学の大学院で「半導体の生産技術に関する工学特論」という集中講座を持っていた。その講義を見学に行って、驚いた。日本を代表する半導体生産技術者の講義なので、どれだけ多くの学生が集まっているかと思いきや、広い講義室に学生は数名ほど。しかも、後ろのほうに座ってパソコンを見ながら講義を受けている。あらためて言うが、東京大学大学院工学系研究科での講座である。

半導体メーカーへの就職を考えていれば間違いなく受けに来るであろう講義に学生が集まらないということは、何をかいわんやということだ。若い理系学生の半導体に対する関心が、私自身が思っているほど高くないという事実を突きつけられた。

小池がラピダスの即戦力として獲得を狙っているのは、日本の半導体産業に見切りをつけ、あるいは会社の半導体事業縮小によってやむなく海外の半導体メーカーに転職したエンジニアたちだ。彼らなら、先端レベルに近い技術を持っている可能性がある。さらに、日本人に限らず、海外のすぐれた人材を採用していくことも重要だ。しかし、長い目で見ると、若手から中堅クラスのエンジニアの層を人材育成によって厚くしていく必要がある。

二〇二三年四月、ラピダスからアメリカのIBMの研究所に二ナノテクノロジーを修得するためのエンジニアチームが派遣された。そのリーダーについては、第四章で詳述している。第一陣に続き順次エンジニアを派遣していくという。

一五〇年ほど前の岩倉使節団ではないが、小池、東、そしてラピダスの面々が挑む令和の半導体維新。その物語は、そもそもいかにして立ち上がったのか。

始まりは、東にかかってきた一本の電話だった。

第二章

レジェンドが受けた一本の電話

――半導体メーカーと製造装置メーカーの明暗――

IBMからの電話

二〇二〇年夏、東京エレクトロンの相談役を退任して一年あまり、コロナ禍もあって自宅でゆったりとした時間を過ごしていた東のもとに、アメリカから一本の電話が入った。相手は当時IBMの最高技術責任者を務めていた人物で、長年の友人である東にこんな相談を持ちかけてきた。

実は二ナノメートル世代の微細加工技術を使ったGAAという新しい集積回路の開発にめどが付いた。これをぜひ実用化したいのだが、協力してくれる日本のメーカーはないだろうか。

友人からの依頼を耳にして、東は二〇年ほど前に同じような場面があったことを思い出していた。それは、二〇〇一年九月一一日に起きた同時多発テロの少しあとのことだ。

前代未聞のテロによってツインタワーと三〇〇〇人近い命を失ったニューヨークの街は、灰色の空気で覆われたように沈んでいた。復興を急ぐニューヨーク州の知事は、ニューヨークを金融と商業一色の街から、先端技術を生み出す拠点にしたいと考えていた。知事が協力を求めたのがＩＢＭであり、ＩＢＭ側の担当者が件の友人だった。

最先端半導体の研究開発施設をニューヨーク州立大学があるアルバニーに創ろうという話で合意したのだが、折悪しくＩＴバブル崩壊のさなか、参加企業探しが難航する中、ＩＢＭの担当者は友人の東が社長を務める東京エレクトロンに参加を求めてきた。東京エレクトロンは半導体製造装置メーカーとしてＩＢＭの技術開発に協力するパートナーであり、ＩＢＭは東京エレクトロンの顧客第一の姿勢に好感を持っていた。

実はこのころ、東京エレクトロンもＩＴバブル崩壊の波をまともにかぶって、創業以来の危機を迎えようとしていた。二〇〇二年三月期、二〇〇三年三月期と二期連続の赤字に陥り、一〇〇〇人の希望退職を実施、東は経営責任をとって、二〇〇三年六月に一度社長の座から退くことになる。

しかし、このときは、アメリカの優秀な人材を獲得し、東京エレクトロンの技術力をさらに高めるチャンスと考え、ＩＢＭからの依頼を快諾、二〇〇二年、ニューヨーク州・ＩＢＭとともに三者でアルバニー・ナノテックコンプレックスを創立した。ニューヨークの復興プロジェクトに、日本の企業が一肌脱いだとして、現地メディアでも話題になった。

そして、何を隠そう、今回、世界最先端の二ナノメートル微細加工技術を開発したのが、東にとって我が子のようなアルバニー・ナノテックコンプレックスにあるＩＢＭの研究所だった。しかも、その実用化を日本の半導体メーカーと一緒に進めたいというのだ。これは受けるしかない。いや、むしろ低迷する日本の半導体産業にとって、天佑ではないだろうか、と考えた。

ところで、ＩＢＭの思惑はどこにあるのか。ＩＢＭとしても二ナノメートルの微細加工技術の実用化は、次世代テクノロジーとして注目されている量子コンピューティングを進めるには欠かせない。しかし、ＩＢＭは二〇一四年に半導体製造工場を手放して量産から手を引いている。

いま世界最先端の微細加工による量産技術を持っているのは台湾のＴＳＭＣだが、ＩＢＭはＴＳＭＣとはこのところ距離をとっているようだ。韓国のサムスンは三ナノメートルの微細加工技術の実用化に向けて動いているので、そちらに話を持ちかけてもよいはずだが、そうはしなかった。戦略的に協力関係を分散する狙いもあるのだろうが、中国市場との距離感はアメリカが最も警戒しているファクターである。やはり、日本はアメリカにとってやりやすい相手、前向きに受け止めれば信頼に足るパートナーということなのだろう。

さて、東が心配したのは微細加工の技術ですでに大きな後れをとっている日本の半導体メーカーが話に乗ってくるかどうかだ。それでも、日本には世界をリードする半導体材料メーカーと半導体製造装置メーカーがそろっている。それらの企業が力を合わせてサポートすれば、もう六割は成功したようなものではないか。きっと話を受けたいという半導体メーカーもあるはずだ——。

東は持ち前のおおらかさでIBMからの依頼を引き受けた。二〇年前は、こちらがIBMを助けた形だったが、今回は結果としてこちらが助けられることになるかもしれない。東はそんな感慨に浸りながら、電話を切った。

ニッポンの半導体材料と製造装置

東の言葉の通り、ニッポン半導体の凋落ぶりとは異なり、半導体製造装置と半導体材料は、いまだ輝きを失っていない。日本の半導体産業における希望の星と言っても過言ではない。

中国の調査会社CINNOリサーチによれば、半導体製造装置メーカーの二〇二二年の売上高ランキングでは、かつて東が社長を務めた東京エレクトロンの世界第四位を筆頭に、六位のSCREEN、七位のアドバンテスト、九位の日立ハイテクと、トップ一〇に四社がランクインしている。

半導体材料にもいろいろあるが、例えば半導体の大本になるシリコンウエハーでは、一位の信越化学工業と二位のＳＵＭＣＯを合わせると世界市場の半分以上。韓国への輸出管理措置で注目されたフォトレジストに至っては、ＪＳＲ、東京応化工業、信越化学工業、住友化学、富士フイルムＨＤの五社で世界シェアの実に九割を押さえている。

東哲郎氏

半導体産業を支えてきたこうしたメーカーが、いかにして成長を遂げたのか。そして、失速するニッポン半導体を尻目に、なぜいまだ成長を続けているのか。半導体のレジェンドこと東哲郎という人物をさらに深く知るためにも、こうしたメーカーの代表格とも言える東京エレクトロンの歩みをひもとき、その答えを探してみよう。

小さな輸入代理店から世界一の装置メーカーへ

現在、連結従業員数一万七〇〇〇人以上、売上高二兆二〇〇〇億円を超える半導体製造装置メーカー・東京エレクトロンの創業は一九六三年一一月一一日、奇しくもあのラピダスの記者会見と同じ日付だ。久保徳雄と小高敏夫という二人の元大手商社マンが、民放のＴＢＳ（東京放送）から五〇〇万円の出資を得て立ち上げた。大手商社にいたころＴＢＳに放送機材を納入する営業担当だったことから、技術局長の口利きで出資が決まった。当初、今はない赤坂のＴＢＳ旧本社にオフィスを構えていた。

二人は大手商社で半導体製造装置の輸入を担当していたが、売りっぱなしでアフターケアをかえりみない会社の姿勢に嫌気がさし、販売した装置は技術支援まできちんと行うことを看板に、会社を創業した。しかし、この時点ではメーカーではない。半導体製造装置の輸入代理店だ。

東が入社したのは一九七七年。ＩＣＵ（国際基督教大学）で五年間リベラルアーツに浸ったあと、東京都立大学の大学院でさらに四年間日本経済史を研究し、二七歳になっていた。

修士論文のテーマは、明治維新以降の日本の産業構造と貿易構造が抱える課題について。例えば、江戸時代までは多様な作物を作っていた農村が、国策によって輸出品である生糸生産一辺倒になり、その構造が世界恐慌によって一気に崩壊してしまったというような歴史的事実から、合理的な状況判断ができない日本経済の脆弱性について書き上げた。

東はそのまま学問の世界に進もうと考えていたが、日本経済の弱点を深く分析するならば、やはり実業の世界に一度は身を置くべきではないかと思い直し、急遽就職活動を始めた。ときすでに二月の終わり、急ぎ就職情報誌を手にとって調べると、まだ募集している会社が二、三社だけあった。そこで見つけた社員二〇〇人、売上高二〇〇億円という会社が、東京エレクトロンだった。

面接を受けると、年功序列ではなく能力と貢献度で従業員を評価する会社とのこと、従来の日本企業のあり方を覆そうという新しいエネルギーを感じた。東は東京エレクトロンという若い企業組織を実験場に、大学院で研究テーマとしてきた「日本経済の脆弱性」の克服に実践的に取り組んでいくことになる。

営業職として頭角を現した東は、一九八三年、アメリカ西海岸のシリコンバレーでの駐在を命じられた。会社が用意した住みかはプール付きの豪邸。しかしそれは、日本から製造装置の買い付けに来た顧客に泊まってもらい、そこで食事をしながら本音を語ってもらうための、いわば営業サロンだった。顧客が望んでいることをより深く理解し、それをアメリカの装置メーカーに的確に伝えることで、顧客の要望にピタリと合った装置を作ってもらおうというサービス強化の狙いがあった。

東が駐在する前年には、日立や三菱電機の社員たちがＩＢＭの機密情報に対する産業スパイ行為を行ったとして逮捕されるという事件が起きていた。日本人がシリコンバレーに乗り込むと「また日本からスパイが来た」と受け止められる空気すらあった。

しかし、顧客の話にしっかりと耳を傾け、売り手買い手にとってベストと思われる提案を繰り出す東の仕事ぶりは、顧客のみならずアメリカの装置メーカーからの信頼も集めていった。東の財産となるアメリカの半導体業界との広く深い人脈は、この時期から形作られていった。

そしてこのころ、ニッポン半導体の大躍進を追い風に、東京エレクトロンは輸入代理店からメーカーに飛躍する大きな一歩を踏み出す。日本の半導体メーカーの要望によりいっそう答えるためにと、アメリカの半導体製造装置メーカーとの合弁工場を日本国内に次々と設立、半導体製造装置を日本で生産する道をつけた。

ＣＶＤ装置のバリアン、拡散炉のサームコ、そして現在東京エレクトロンと世界シェア三位の座を争っているラムリサーチなど、アメリカから送られてくる装置部品を日本国内の合弁工場で組み上げることで、各社の製造装置の技術や構造を学んでいった。またそうした工場の技術要員として、精密機械に強い諏訪精工舎や半導体を作っていた富士通などから優秀なエンジニアを中途採用した。

そして、アメリカ側の経済状況の悪化から合弁を解消するに伴い、すべての工場資産を買い取ることで、工場で作られる製造装置は東京エレクトロンの製品となった。一九八九年、東京エレクトロンは半導体製造装置メーカーとして売り上げ世界一を記録し、翌年、東は四一歳で取締役に抜擢された。東は「顧客の求めているものに敏感な商社の感性とものづくりの力を併せ持ったことが東京エレクトロンに成功をもたらした」と語る。

変容する半導体メーカーとの蜜月

アメリカから技術を学ぶのに加え、日本の半導体製造技術の推進力となったのは、半導体メーカーと装置メーカーとの固く結ばれた二人三脚だった。

一九八八年、東京エレクトロンで縦型拡散炉という製造装置の開発を指揮した東は、装置の納入を予定していた東芝の技術陣の手も借りながら開発を進めていった。評価実験で装置には四〇を超える不具合が見つかったにもかかわらず、東芝はスケジュール通りに装置を購入することを決めた。その信頼に応えようと、東率いる開発チームは四か月後の納入予定日まで工場に泊まり込んで問題解決に当たり、無事納入に至った。

開発物語としては感動の美談ではあるが、ビジネスという側面から見ると、クールな現実も見えてくる。装置メーカーには半導体メーカーからさまざまな制約が課されていた。半導体メーカー側の開発への関わり具合に応じて納入する装置の値引きをするのは当然として、当初は他のメーカーには装置を販売してはならないとされていた。

たしかに半導体メーカーからすれば、自社のために開発した装置がライバル他社に売られてしまってはたまらない。ところが、半導体の微細化が進み、装置開発への投資が膨らんでいくと、装置メーカーも一社だけに販売していては開発コストをまかなえないし、半導体メーカーもその開発費を自社だけで負担するのは難しくなってきた。そこで、およそ一年はその装置を他社には販売しないことが契約上決められるようになった。

さらに装置メーカーにとって厳しいのが、装置代金の支払いの時期だ。装置を納入しても、それが正常に動くかどうかをチェックする検収作業を終えてからでないと、代金は支払われないという商慣習があった。半導体製造装置の検収は一年以上に及ぶこともある。その場合は、数億円、数十億円という代金が、一年以上回収できないままになってしまう。

それでも、ニッポン半導体が破竹の快進撃を続けている間は、日本の半導体メーカーとの取引は、製造装置メーカーに莫大な利益をもたらした。東たちが東芝と縦型拡散炉の開発に取り組んでいた一九八八年、日本の半導体の世界シェアはアメリカを抑え、五〇・三％と市場の半分を超えた。東京エレクトロンの売り上げの七五％が日本メーカーとの取引だった。

しかし、わずか四年後の一九九二年には、半導体の世界シェアはアメリカと再び交叉することになる。その詳細は次章で述べるが、東京エレクトロンにとって、大きな転機が九〇年代半ばに訪れた。

一九九四年、常務になった東のもとに、アメリカの大手半導体メーカーであるテキサス・インスツルメンツ（以下、ＴＩ）の幹部三人がやってきた。用件は、アメリカでの製造装置の販売を代理店経由ではなく、直接取引にして欲しい、さもなければ取引をやめる、という厳しいものだった。

日本国内では半導体メーカーとは当然直接取引をしており、何か問題が起きればすぐにエンジニアを派遣して問題解決に当たる体制を整えていた。一方、海外ではまずは代理店に対応してもらっていた。日本の半導体産業の強みは装置メーカーによる手厚いケアにあると見たＴＩは、同じ体制で支援してもらわなければ困ると訴えてきたわけだ。

東たち経営陣は、たしかにその通りだと思った。いずれインテルやヨーロッパ、アジアのメーカーからも同じ要請が来るに違いない。そこで、すぐに海外でのサポート体制の整備に動き始めた。スローガンは日本で行ってきた「ネクスト・ドア・ポリシー（いつもすぐ隣にいます）」、アメリカ、ヨーロッパ、アジアに直接取引の拠点を設け、その責任者には日本人ではなく、現地をよく知る現地で信望の厚い人材を登用した。このプロジェクトがうまくいけば、売り上げの二五％だった海外ビジネスは間違いなく拡大する。

このとき、東たちにはＴＩをはじめとする海外メーカーに何としてでも飲ませたい条件があった。取引の決済を円建てにすることだ。為替変動のリスクを回避することが第一の目的ではあるが、そもそも商品を作って売るのは日本のメーカーである東京エレクトロンだ。自分たちもアメリカから部材などを購入する際はドル建てで決済している。ならば、日本から商品を売る際は、円建てで支払ってもらうのが当然ではないか。つまり、円建て決済は対等な関係の証ということだ。それが経営トップから契約担当まで一致した思いだった。

この条件を交渉の場で持ち出すと、相手からは「傲慢だ！」と強烈な反応が返ってきた。しかし、譲らなかった。結局、円建て決済は契約に盛り込まれることになった。ＴＩなど海外の半導体メーカーにとって、東京エレクトロンの半導体製造装置とそれに伴う手厚いサービスは、国際競争を勝ち抜く上でなくてはならないものと受け止められていたのだろう。期せずして、一九九五年四月に、変動相場制が導入されて以来の最高値となる一ドル七九・七五円を記録する超円高の波が押し寄せた。円建て決済の導入は見事に功を奏した。

そして、東たちが取り組んだ海外サポート体制の構築も実を結んだ。ありがたいことに、海外の半導体メーカーは、検収の終了を待たず、装置を納品した際に代金の大半を支払ってくれた。二五％程度だった海外売り上げの割合は七〇％を超えて拡大していった。

それは単に割合が増えた以上の利益を東京エレクトロンにもたらした。ニッポン半導体がかつての勢いを失い、逆にアメリカ・韓国・台湾のメーカーが業績を伸ばしていくタイミングで、東京エレクトロンは販路を世界へと大きく広げることに成功した。一九九六年、東は四六歳という若さで社長の任を託されることになった。

東京エレクトロンをはじめとする半導体製造装置メーカー、そして半導体材料メーカーは、日本の半導体メーカーとともに成長を遂げた。しかし、日本の半導体メーカーが勢いを失ったあとも、世界の半導体産業の成長エネルギーを確実につかみとり、販路をグローバルに拡大して成長を続けた。

社長・東哲郎

社長になった東は、自らが考える「あるべき企業組織の姿」を実際に形にしていく。

それまでも堅持してきた顧客第一主義とともに、自己資本利益率二五％以上という目標を掲げた。自己資本利益率（ＲＯＥ：Return On Equity）とは、純利益を自己資本で割って一〇〇を掛けた数字で、株主が出資したお金を元手に、会社がどれだけ利益を上げたのかを示す数値だ。この数値が高いほど、資本をうまく使って効率的に稼いでいると解釈される。一〇％を超えると優良企業と見なされるが、東は二五％以上という目標を立てた。一流の投資家から信頼されるとともに、将来に向けた開発資金を十分に持ってこそ、世界に通用する企業だという信念に基づく目標だ。

さらに一九九八年、取締役と執行役を分離した。取締役は東より世代が上で東に対して遠慮なく意見を言える取締役経験者で固めた。東は自分の言いなりになるような取締役会を望まなかった。それに対し、執行役には自分と同じか、さらに若い世代を抜擢した。新しい発想でグローバルな市場を切り開けると期待できる人材だ。

また、同時に報酬委員会とストックオプション制度を導入した。ストックオプション制度とは、会社があらかじめ決めた価格で自社株を購入できる権利を社員や取締役に与えるしくみだ。

例えば、ある社員が仕事への評価として、一株一〇〇〇円で自社株を購入できる権利を得たとしよう。さらに仕事に邁進して二年後に株価が三〇〇〇円まで上がったときにこのストックオプションの権利を行使すると、三〇〇〇円の株を一〇〇〇円で買えることになる。買ってすぐに売却すると一株あたり二〇〇〇円の利益が得られるわけだ。自社の株価に対する社員の意識を高めるとともに、働くモチベーションを上げる効果があるとされている。

さらに二〇〇〇年、東は指名委員会を設置した。日本では現社長が次期社長候補を選ぶのが慣例になってきたが、東はその権限を指名委員会に委ねることにした。そして、指名委員会には社長は加わらないことも決めた。これは、「東は社長を辞めるべきである」と指名委員会が決定すれば、東自身それに従わなければならないことも意味する。

こうした透明性の高い企業統治のしくみづくりに加え、技術力の向上につながるとして、この章の頭で述べたアルバニー・ナノテックコンプレックスの創立に参加した。ところが、ちょうどＩＴバブル崩壊のさなか。二〇〇一年の正月明けから受注が減り始め、キャンセルや納入済みの装置を引き取って欲しいという依頼が相次ぎ、結局、二期連続の赤字に陥ってしまった。

東京エレクトロンでは二期連続の赤字を出すと、担当の部門長を降りなければならないという不文律があった。それに従い、東は二〇〇三年六月に自ら社長の座を降りて会長に退いた。立て直しのために一〇〇〇人の希望退職を募らざるを得なくなり、辞めていく社員から自宅に抗議の電話までかかってきたときは、さすがにこたえたという。

しかし、二〇〇五年一月、東は指名委員会の決議により、代表取締役会長で最高経営責任者という経営のトップに再び就いた。二〇〇八年三月期、東の指揮の下、売上高九〇六〇億円と過去最高を更新したかと思ったら、半年後の九月に起きたリーマンショックの影響で、再び業績は急降下。しかし、ＩＴバブル崩壊の際の苦い経験を生かし、早めにさまざまな手当てをした結果、開発費、人材育成費は減らすことなく、二〇一一年三月期には再び黒字に戻した。まるで暴れ馬の手綱を握るカウボーイのように、東は経営の腕を振るった。

翌二〇一二年一二月、ある人物から極秘に会いたいという連絡が東に入った。世界最大の半導体製造装置メーカーであるアメリカのアプライドマテリアルズのマイク・スプリンター会長。インテルで副社長も務めた人物で、東とは古くからの友人だ。帝国ホテルのフランス料理店で会ったスプリンター会長が切り出したのは、会社を一つにしないかという提案だった。つまり、アプライドマテリアルズと東京エレクトロンの合併だ。

両社の製品はほとんど重複せず、相互に補完的であり、合併すれば技術開発費の負担も楽になり、開発のスピードも格段に上がるというのが、スプリンター会長の見立てだった。東も、日米強者連合による技術優位性をつくるメリットを感じた。日米の企業文化の違いへの懸念から、東は一度断ったが、頭の中には大学院で研究に没頭した「日本経済の脆弱性」をいかにして克服するかというテーマが常にある。

もしかしたら日米の企業文化をフュージョンさせることで、双方の強みを生かし弱みを克服する新たな企業文化を生み出すことができるのではないかと思い直した。秘密裏に交渉を進め、二〇一三年九月に記者発表、翌年六月の株主総会で承認を得て、エタリスという新会社の名前まで公表した。エターナル・イノベーション・フォー・ソサエティ、つまり「社会のための永遠のイノベーション」という意味を持つ造語だ。

ところが、アメリカの司法省が経営統合に待ったをかけた。独占禁止法の問題に加え、いくつかの大手半導体メーカーが統合に強く反対したことが影響したという見方が強い。二〇一五年四月、東はアプライドマテリアルズとの経営統合契約の解約を発表した。足かけ三年に及ぶ新たな企業文化を創造する試みは、終わった。東は次の社長候補の検討を指名委員会に要請し、二〇一六年一月、取締役相談役に退いた。そして三年後の二〇一九年六月、東京エレクトロンの役職から完全に離れた。

二七歳で入社して四二年、そのうちの二九年間、取締役として会社をグローバルカンパニーに育ててきた、まさに経営者人生だった。ちなみに、二〇二三年三月期の東京エレクトロンの連結自己資本利益率は、三二・三％である。

ニッポン半導体、凋落の現実

東京エレクトロンを辞めた東だが、半導体のレジェンドとまで呼ばれる名経営者が放っておかれるはずもなく、複数の会社の社外取締役を引き受けることになった。また二〇一九年七月には、ＴＩＡ（つくばイノベーションアリーナ）の運営最高会議議長に就任した。

ＴＩＡとは、産業技術総合研究所など六つの国立研究機関が運営する研究拠点である。

二〇二〇年の春の叙勲では、産業振興功労者として旭日重光章を受章した。悠々自適とはいかないが、それでもずいぶん時間に余裕ができたので、また日本経済史の研究でも再開しようかなどと思案していた矢先に、ＩＢＭの最高技術責任者から、あの相談が寄せられた。

実は二ナノメートル世代の微細加工技術を使ったGAAという新しい集積回路の開発にめどが付いた。これをぜひ実用化したいのだが、協力してくれる日本のメーカーはないだろうか。

早速メーカーに当たろうと腰を上げた東だったが、さて、どのメーカーに相談を持ちかけようかと考えるにつけ、あらためてニッポン半導体凋落の現実が迫ってきた。

東が東京エレクトロンの取締役に就任した一九九〇年、半導体の世界シェアトップ一〇のうち、六社を日本のメーカーが占めていた。一位：NEC（日本電気）、二位：東芝、四位：日立、六位：富士通、八位：三菱電機、一〇位：松下電器。日本メーカーの上位三社で世界の約三割のシェアを握っていた。主力商品は、DRAM（ディーラム）というメモリーだった。

ところが、二〇二二年のランキングには日本メーカーは一社も残っていない。日本メーカーのドル箱だったDRAMは、韓国メーカーの攻勢にあって総崩れとなった。そこで一九九九年、日本各社のDRAM部門を統合したエルピーダメモリという会社で巻き返しを図ったが、二〇一二年に経営破綻し、翌年アメリカのマイクロンテクノロジーに買収された。東は、DRAMに依存してきたニッポン半導体が凋落していく姿を、生糸の輸出に依存していた日本の農村経済が、世界恐慌で壊滅していった歴史と重ね合わせていた。

また二〇〇三年に日立と三菱電機のマイコン部門を統合してできたルネサステクノロジは、のちにNECから分社化されたNECエレクトロニクスと経営統合してルネサスエレクトロニクスとなったが、経営の悪化で、二〇一三年に政府系投資会社である産業革新機構の傘下に入った。その後黒字化して順調な経営を続けているが、ランキングトップ一〇には届いていない（日本企業トップの一六位）。

東芝は、フラッシュメモリーで好調を維持してきたが、東芝本体の経営問題から半導体部門を分社化し、株式の過半数を日米韓ファンドに売却。紆余曲折を経てキオクシアという新会社になった（世界ランキング一七位）。

富士通は、半導体部門を富士通セミコンダクターという子会社にし、その子会社を通じて事業を次々と売却。パナソニック（旧・松下電器）はその富士通の子会社とシステムLSI部門を統合してソシオネクストという会社を設立。二〇二〇年には半導体事業を手がける子会社・パナソニックセミコンダクターソリューションズを台湾企業に売却した。

一九九九年のエルピーダに始まるニッポン半導体の合従連衡売却の流れは、頭の中で図を描くにはあまりにも入り組んでいる。しかも、危機を脱するための弱者連合が、あまりうまく機能してこなかった事実も、気を重くする。ソニーがイメージセンサーで世界のトップシェアを誇っているのが、救いというところか（世界ランキング一八位）。

こうなるとＩＢＭからの話を持ちかけられそうな会社は限られてくる。ルネサスエレクトロニクス、キオクシア、そしてソニーだ。ロジック半導体を手がけているという点ではルネサスが最もふさわしいが、ルネサスは自社では四〇ナノ以降の微細加工には手を出さず、いわゆる枯れた技術を使って自動車向けのマイコンなどで稼いでいる。おそらく話には乗ってこないだろう。そこで、キオクシアとソニーに相談することにした。

あの男に頼もう

うまくいけば話に乗ってくれるかもしれないと、やや楽観的な気持ちも強めつつ交渉に臨んだ東だったが、結論から言うと二社とも断られた。「それは無理でしょう」という反応だった。

キオクシアはフラッシュメモリーの投資だけで手一杯でそれ以上のことには手を出せないという話だった。フラッシュメモリーの世界ではロジック半導体とは異なり、微細加工は一五ナノメートルまで実用化されているが、さらに微細化を進めて情報を記憶するメモリーセルを小さくしていくと、メモリーセル同士が干渉し合うなどの問題が発生しやすくなる。そのため、キオクシアでは微細化を進めるのは一旦一五ナノまでとし、第七章で詳述する集積回路の三次元化に力をいれている。

ソニーはイメージセンサーで世界の先端を走っているが、さすがに二ナノメートルまでの微細加工は当面必要ないとのこと。後にソニーはＴＳＭＣと合弁で一〇ナノメートルレベルの微細加工まで手がける工場を熊本に建設することを明らかにする。もしかすると、ＩＢＭの話を持ちかけたころには、すでにＴＳＭＣとの合弁の話が俎上に上がっていたのではないかと東は述懐する。

さて、この二社に断られてしまい、東は困った。そこで、旧知の政治家を訪ねた。自民党の代議士で経済産業省の大臣を務めたこともある甘利明だ。商工分野、通商分野を得意な政策フィールドとし、商工族のドンとされる人物だ。

もともと東は政治家が苦手だったが、東京エレクトロンにいたときＳＥＭＩ（国際半導体製造装置材料協会）の国際役員会会長や日本半導体製造装置協会の会長を歴任し、政治家とも意見を交換する立場になっていた。甘利とは生年月日が一日違いの同い年ということもあって意気投合し、甘利が主催する議員たちの朝会に呼ばれたり、半導体について電話で意見を交わす間柄になっていた。

特に甘利が気にしていたのが経済安全保障の問題で、中国の動きを警戒していた。中国とはうまくやっていきたいが、最先端の半導体製造装置が中国に行くのは困るという相談を受けた際、東がすでにその不安に答える対応をしていることを告げると、甘利はほっとした様子を見せたという。

ビジネスをする際に国を頼りにしないというのは東京エレクトロンの創業からの信念ではあるが、ＩＢＭからの依頼は一個人や一企業を超えて日本の半導体産業の命運にも関わる話である。東は意を決して、甘利に事の次第を話した。

東の話を聞いた甘利は「やったほうがいいのではないか」と言って、経産省に話をつないだ。甘利からの話とあって、経産省も動いてはくれたようだが、やはり話は前に進まない。

さてどうしたものかと思案に窮したとき、ふとひとりの男の顔が浮かんだ。

あの男がいたか。東は心の中でポンと手のひらを打った。

それが、小池淳義《こいけあつよし》だった。

小池淳義は、ハードディスクとフラッシュメモリーを製造するアメリカのストレージメーカー、ウエスタンデジタルの上級副社長と日本法人社長を務めていた。ウエスタンデジタルがキオクシアと共同で運営する四日市のフラッシュメモリー工場のウエスタンデジタル側の責任者である。

東が小池のことを知ったのは、互いにまだ入社間もないころ。当時小池は日立の社員だった。やる気満々の若いエンジニアで、装置開発の現場でメーカーサイドから斬新なアイデアを次々と繰り出す小池に東は注目した。

東がシリコンバレーに駐在していたときも、日本から半導体製造装置の買い付けにやってきた小池を例の営業サロンも兼ねた自宅に泊め、装置メーカーを一緒に回った。小池はまだ小さかった東の子どもの遊び相手もしてくれた。東が駐在の任を終えて帰国した後も、半導体メーカーの生産技術者と製造装置メーカーの営業として交流が続いた。

そして世紀が変わるころ、小池は当時の世界最先端の技術を結集した半導体工場の建設と操業に挑んだ人物として、業界では知られていた。

あの小池なら力になってくれるかもしれない。

東はスマートフォンで小池の連絡先を探した。

第三章

常識破りのエンジニア・小池淳義

――ニッポン半導体、栄光と敗北の技術史――

できないとは決して言いたくない男

二〇二〇年一一月二五日、小池は赤坂にある東京エレクトロンの本社を訪ねた。その数日前、東から相談したいことがあるので時間をもらえないかという電話があった。用件を尋ねると、東は「日本のロジック半導体の未来に関わる話」とだけ答え、詳しくは会ってから話すと言って、電話を切った。

案内された部屋には、東のほかに、経済産業省の審議官がいた。東芝メモリの買収騒動の際、パートナー企業であるウエスタンデジタルの対応をめぐってやりとりしてきた相手だ。経産官僚が姿を現すということは、それなりに重要な案件に違いない。

東が話を切り出した。

実は、友人であるＩＢＭの最高技術責任者から、ＩＢＭが開発に成功した二ナノメートル世代の超微細加工技術によるＧＡＡという集積回路をぜひ実用化したいので、パートナーになってくれる半導体メーカーを日本で探して欲しいという依頼を受けた。かなり大きな話だし、日本の半導体産業にとってもチャンスなので、経産省にも協力を仰いでメーカーを当たってきたのだが、色よい返事をくれるところは一社もなく、断られてしまった。頑張ったけどダメでしたではあまりにも情けないし、ほとほと困っていたときに、小池さんに相談してみようという話になった。というわけで、小池さん、何かよいアイデアをいただけないものだろうか。

小池は、半導体の生産技術に精通した日本を代表するエンジニアであり、しかもアメリカと日本をつなぐ立場にいる。小池なら、何かよいアイデアを出してくれるのではないかという期待が、小池を見つめる東の表情から伝わってくる。

しかし、いきなりアイデアはないかと言われても、すぐに出てくるはずもない。

日本のロジック半導体の微細加工レベルは四〇ナノ。そこにいきなり二ナノの技術に挑戦しないかと言われても、それまで相談を受けた経営者たちもおそらく夢物語としか思えなかったことだろう。そもそも、半導体の分野でそんなことにチャレンジしようという企業は、いまの日本にはないだろう。

それに、同席した旧知の経産官僚の様子を見ても、経産省がこの話をどうしてもものにしたいと考えているようには思えなかった。このころ経産省は台湾のＴＳＭＣの研究開発センターならびに工場の誘致に動いていた。アメリカのトランプ政権が先にＴＳＭＣの工場誘致を決めたことで、日本への誘致はどうなるのか、その実現に最優先課題として取り組んでいた最中に持ち込まれた極めて難しい案件だ。

とにかく少し考える時間が欲しいと告げて、この日の会合はお開きとなった。

予想を超える難問だったが、三日ほど思案しているうちに、もしかするとこれは面白いことになるかもしれないと思い始めた。小池も日本のロジック半導体の凋落ぶりには少なからぬ危機感を抱いていた。小池はルネサステクノロジの技師長を辞めたあと、サンディスク、ウエスタンデジタルと一貫してフラッシュメモリーの生産に携わってきたが、いまやメモリーメーカーがメモリーだけやっていればよいという時代ではなくなっている。

例えば、このところハードディスクに代わってパソコンのメインメモリーの座を確かにしつつあるSSD（Solid State Drive）の内部には、フラッシュメモリーとともにロジック半導体であるマイクロコントローラーが備え付けられ、その性能次第でデータを読み書きするスピードが左右される。さらに、メモリーにマイクロコントローラーを重ねてあたかも一つの小さなチップのようにする技術も主流になりつつあるのだが、ロジック半導体を作っていない小池のウエスタンデジタルは、メモリーをマイクロコントローラーと重ねる工程ついては、台湾のTSMCを頼ってきた。

しかし、台湾海峡を巡る国際情勢は日に日に楽観を許さない空気を増している。もし、台湾が大陸中国に飲み込まれるような事態になったら、小池のウエスタンデジタルはもとより、ＴＳＭＣに依存してきた世界中の半導体のサプライチェーンが麻痺してしまう。

とにかく、世界の先端半導体製造の七割をＴＳＭＣ一社が握っている現状は、いろんな意味で危うい。だからと言って、どうすればよいという答えは小池にもなかったし、事業パートナーであり競合でもあるというキオクシアとの不思議な関係を保ちつつ、フラッシュメモリーのシェアを巡る韓国サムスンとの戦いに手一杯な状況では、どうこうする余裕もなかった。

ところが今回は、なんとあのＩＢＭが最先端技術を提供するから実用化に向けて一緒にやらないかと、わざわざ申し出てくれたわけだ。

小池は、考えた。

おそらくＩＢＭ単独の考えではなく、米中摩擦を見据えて半導体産業を強化しようという国の思惑が働いているに違いない。アメリカは新しいものを発想する力にはすぐれているが、それを製品に仕立てて大量生産にのせるのは、あまり得意ではない。

わが身を振り返ってみても、自分がサンディスクに上級副社長として招かれたのも、サンディスクがウエスタンデジタルに買収された際、ほとんどの役員の首がすげ替えられたにもかかわらず自分が留任を求められたのも、生産を任せられる人材が必要だったからだ。アメリカは緻密な生産があまり得意ではないからこそ半導体の開発設計だけを行うファブレスが勃興し、生産については主にファウンドリのＴＳＭＣに任せてきた。しかし、それもかなり不安な状況になっている。ならば、新しいものを生み出す力は弱いが、ものづくりが得意な日本と今のうちに手を組んでおくほうが安全保障の点でよさそうではないか。

そう考えたのでなければ、虎の子の二ナノ技術を日本に出してくるはずはない。経産省もアメリカ側の思惑を感じとってか、どこまで乗り気なのかはともかくとして、一応関わろうという姿勢は見せている。我が社が引き受けましょうという会社はなくても、もし国策として国がお金を出すということになれば、新たに会社を作ってＩＢＭの技術を実用化するのは、可能ではないだろうか。そうだ、それを実現するための新会社を創ればいいじゃないか。

難しいとは思っても、決してできないとは言いたくないのが小池の気質であり信条だ。それに、小池にはＴＳＭＣの躍進ぶりに対して、忸怩たる思いもあった

もし、あのとき、自分が描いた構想が実現していれば、いまのようなＴＳＭＣ一人勝ちとは違う未来が開けていたのではないだろうか。この二〇年、ファウンドリであるＴＳＭＣの急成長を横目で見ながら、小池はかなわなかった未来の絵図を、心の片隅にとどめ続

けてきた。

その「かなわなかった未来の絵図」とは何だったのか。ラピダスが船出するまでの二年の物語をひもとく前に、東とともに国や企業や人を動かして新会社を船出させた小池淳義とはいかなる人物なのか、少し長くなるが、その半生をニッポン半導体の栄枯盛衰の物語とともにトレースするとしよう。

戦後日本が本格的にスタートした年

小池淳義は一九五二年八月、江戸川を挟んで東京に隣接する千葉県市川市に生まれた。両親はともに茨城県の農村の出身。村で神童と呼ばれていた父・通義は東京帝国大学を終戦の年に卒業し、日亜製鋼（後の日新製鋼）で製鉄エンジニアとして働いていた。戦時中は機械科の学生だったので、ゼロ戦の機銃を製作する仕事にかり出されていたという。母・千代子は村長の娘。料理が上手で誰にでも優しい人だったと小池は述懐する。

小池が生まれた一九五二年は、前年九月に結ばれたサンフランシスコ講和条約が発効した年だ。第二次世界大戦に敗北し、ＧＨＱ（連合国軍最高司令官総司令部）の占領下にあった日本は独立国としての主権を回復。戦後の日本はこの年本格的なスタートをきった。そして、同時に結ばれた日米安全保障条約によって日本がアメリカの世界戦略に組み込まれた年でもある。

その四年前の一九四八年、のちに小池の天職となる半導体産業の礎となったテクノロジーが、アメリカのベル研究所によって発表された。それが、トランジスタだ。

トランジスタが世に出る前、同様の機能を担っていた電子部品は、真空管だった。

第二次世界大戦中、ドイツの暗号通信を解読するためにイギリスで作られた真空管計算機「コロッサス（Colossus）」には最大二四〇〇本の真空管が使われていた。さらに、アメリカ陸軍の資金で作られた汎用電子式コンピュータ「エニアック（ENIAC）」には実に一万七四六八本の真空管が使われていた。

真空管は小さなものでも親指ほどの大きさはある。真空管を使った計算機は、部屋の壁一面、あるいは大きな部屋ひとつがコンピュータというほど巨大な装置だった。トランジスタの登場は、こうした巨大な装置を桁違いにコンパクトにする道を拓いた。

トランジスタを早々に民生機器に利用したのが、日本のソニーだ。ベル研究所の親会社であるウエスタン・エレクトリック社からトランジスタの製造特許だけを購入し、独力でゲルマニウムトランジスタの製造に成功。一九五五年九月、日本初のトランジスタラジオ、ＴＲ–55を発売した。

もちろん、世の中にラジオがなかったわけではない。その二年前にテレビ放送も始まっており、ラジオの世帯普及率はすでに七〇パーセントを超えていたが、電池式のポータブルにすることで、世帯ではなく個人、据え置きではなく持ち運びでの使用を狙った新たな市場を切り開こうとしていた。後のウォークマンにも通じる発想は、ここですでに生まれていた。

そして、注目しておきたいのは、単にトランジスタという電子部品を作るだけでなく、それを使った画期的な商品の開発まで見据えていたことだ。最新の技術を使って、世の中を驚かせる新商品を生み出す、それこそがソニーの真骨頂だった。二年後に発売されたポケッタブルラジオの異名を持つTR-63は、当時世界一小さなトランジスタラジオとしてアメリカで人気を呼び、輸出が間に合わなくなるほどの売れ行きを見せた。

一九六〇年代になると、単体の半導体素子ではなく、小さなシリコンチップの上に極小のトランジスタ、ダイオード、コンデンサ、抵抗などの素子をいくつものせて配線するIC（Integrated Circuit：集積回路）の技術が、これもアメリカで実用化された。

素子を可能なかぎり小さくし、ひとつのチップに乗せられる素子の数を増やしていくことでICはLSI（Large Scale Integration：大規模集積回路、一〇〇〇～一〇万素子）に、さらにどんどん集積度を高め、ULSI（Ultra-Large Scale Integration：超高集積回路　一〇〇〇万素子超）へと進化していく。

一九六五年、のちに半導体メーカー・インテルを創業するメンバーの一人、ゴードン・ムーアが、「半導体の集積度は一年で二倍になる（のちに一八か月で二倍に修正）」と予言した。この「ムーアの法則」を実証するかのように半導体チップは集積度を増し、それを使ったさまざまな電子機器が登場、しかも小型化・省電力化が劇的に進んでいく（日本にとって、その象徴的な製品となるのが電卓だが、それについては後述する）。

ＩＣの集積度を高める、つまり小さなチップに、より多くの回路を乗せるには、一つ一つの回路や配線をできるだけ小さく細くしなければならない。そのために必要なのが、半導体製造の肝となる微細加工技術だ。ちなみに、小池が二〇二七年までに実用化を目指す二ナノメートル（一〇億分の二メートル）の微細加工技術だと、指の爪ほどの大きさのチップに五〇〇億個の素子を並べることができる。

半導体との出会い

ともあれ、半導体産業はアメリカ主導で戦後に生まれた新しい産業であり、小池はその黎明期に少年時代を過ごした。

小池はとにかくものを作るのが大好きな少年だった。みかんの木箱をばらばらにして、当時大人気だった鉄人28号を作っていた。将来なりたい職業は大工だった。

小学生のときにラジオを作ったのが小池と半導体との初めての出会いだ。秋葉原でトランジスタなどの部品を買って自作した。

父親の転勤に伴い、小池は市川から大阪へ、大阪から船橋へと転々とした。東京帝国大学出身の父親は、小学校高学年になった息子を塾に通わせ、中学受験をさせようと考えていたそうだが、その矢先に広島県呉市への転勤が決まった。都会育ちの小池は呉を自然豊かな町だったと描写する一方で、工場の煙突からは赤い煙がもうもうと吹き出し、洗濯物が赤や黄色に染まったとも語る。

戦後復興のための工業化を急ぐ日本の風景には、工場群からはき出される煙や、川に流れ出す汚水は、今では考えられないような当たり前に存在したモチーフだったのだろう。父親の呉への転勤で中学受験から解放された小池は、高校卒業まで、かつて戦艦大和を生み出した造船の町で、まさにのびのびと暮らした。

中学生になるとアマチュア無線に夢中になった。このころはまだインターネットの原型となるアーパネットすら存在していない。国際電話はべらぼうに高くて論外。アマチュア無線は遠く離れた海の向こうの人たちと会話できる貴重なテクノロジーだった。

小池は中学一年生のときにアマチュア無線に必要な国家試験を受けて合格、まだおぼつかない英語でアメリカやシンガポールの見知らぬ人たちとの会話を楽しんだ。無線機は、東京の親戚を訪ねた際などに、これまた秋葉原でトランジスタなどの必要な部品を一式購入して自作したという。

高校は地元の呉三津田高校に進学した。のちにサンディスクの上級副社長を務めていたとき、母校に講演を頼まれ、全校生徒を前に「大きな夢を持とう」「グローバルになろう」「よき友達を持とう」という三つのメッセージを送った。壇上には上がらず、生徒たちと同じ平場に立って話した。実はこの講演の直前に私が小池に会った際、小池はこれとは全く違う話を後輩たちに伝えるつもりだと語っていた。それは、とても重く、深刻な話だ。後日、講演の反響を尋ねたところ、学生たちの姿を見たときに、やはりそれを話すのはまだ早いと思い直し、その場で内容を変えたという。

その重く、深刻な話とは、小池淳義という人物の生き方を理解する上で通り過ぎることのできない出来事なのだが、それについては第五章の最後で明らかにする。

小池は著書『シンギュラリティの衝撃』（ＰＨＰ研究所）の中で、高校時代の自分を次のように語っている。

私は高校生のとき、優秀な学生ではなかったと思うが、ひとつおもしろい性格をもっていた。まわりには極めて優秀な友人がいて、テストをやればいつも満点。私のほうはがんばっても60点。どうみてもかなわない。

しかし、この優れた連中は、ある分野では100点かもしれないが、ちょっと違った分野なら、私にだって彼らに負けずに思いっきりいろんなことをできるのではないか、という気持ちが心のどこかにあった。

やるとなれば自分は何でもできるのではないか、という図々しさをもっていた。これが、今もいろいろなことに挑戦しようとする原点だったのかもしれない。

小池は高校生のころにはすでに自分自身の可能性を心底信じる力を持ち合わせていたようだ。この力こそが、小池の人生を切り開き、ラピダスの立ち上げにもつながっていくのだが、それはまだ半世紀以上先の物語だ。

勝てるシナリオ

一九七二年、小池は早稲田大学理工学部に入学した。ここで小池は、半導体と並ぶ、もうひとつの人生の基軸と出会う。アメリカンフットボールだ。

いまの小池からは信じられないのだが、大学に入るまでスポーツにはあまり関心がなかった。アメリカンフットボールと出会うきっかけとなったのは、受験の失敗だった。実は小池は父親の背中を追うように東京大学の理科Ⅰ類を受けた。ところが、受験当日に風邪をこじらせ、残念ながら不合格。

この苦い経験は小池に、頭を鍛えるだけでなく、体を鍛える大切さを痛感させたという。では、いったいどの競技をやるのか。さまざまな運動部を訪ねた末に、創部したばかりの理工学部のアメリカンフットボール部に決めた。高校時代まで特別な運動をしていなくても日本一になれるという誘い文句にひかれた。とにかく小池は、日本一、世界一という言葉が大好きだ。

アメリカンフットボールを始めてすぐに、小池はそのとりこになった。

アメリカンフットボールといえば、大柄な選手たちが肉弾戦を繰り広げる格闘技のようなスポーツというのが私の持つイメージだったが、実際にはそれぞれの能力を生かせるさまざまなポジションが存在する。小柄な小池は持ち前の足の速さを生かし、ボールを持って敵陣を走り抜けるランニングバックのレギュラーポジションを獲得した。

そして何より小池を夢中にさせたのが、ゲームを始める前にどのような戦術や戦略を立てておくかによって、弱いチームでも勝てる可能性が生まれる競技だということだ。「勝てるシナリオ」を描けるかどうかが勝負を決める大きな要素であることに、小池はひかれた。小池は「勝てるシナリオ」という言葉をいまでも好んで使う。アメリカンフットボールは、「戦う前に、勝てるシナリオを必ず描いておく」という思考を小池に深く植え付けた。

ちなみに小池は古希を迎えたいまでも四〇歳以上のシニアチームのレギュラーとして活躍しており、Xリーグに所属するハリケーンズの総監督であり、日本社会人アメリカンフットボール協会の会長を務めている。

さて、ものづくりに関わる技術者の道を志した小池は、早稲田大学大学院理工学研究科へと進んだ。にわかには信じがたい話ではあるが、大学卒業の年、石油危機の影響で学生課の掲示板には理系の採用募集が一件もなかったと、小池は言う。実は小池は、ある商社から内定をもらっていた。その会社にアメリカンフットボール部があったことから志望したのだが、やはり初志貫徹。大学院に進学し、アルミの単結晶など金属材料の研究に携わった。アメリカンフットボールも続け、コーチとして学生の指導に当たった。

「勝てるシナリオ」同様、小池がよく使うのが、「とんでもない」という言葉だ。「途方もない」とか「これまでにない」というニュアンスで使われる。そしてこの言葉を使うとき、小池の語りは躍動感を帯びる。小池は社会に出たら「それまで世の中にない大きなことを成し遂げたい」と考えていた。分野はやはり子どものころからあこがれていたものづくりだ。その小池が「とんでもないものづくり」にチャレンジできる会社として就職を希望したのが、日本を代表する巨大総合電機メーカーの日立製作所だった。

日立製作所に入社

一九七八年、小池は日立製作所に入社した。第一次石油危機から五年経っていたが、その余波だろうか、平時は何千人にも及ぶ新卒採用が、この年は五〇〇人ほどだったと小池は言う。

日立製作所は東芝と並ぶ重電の雄。一九一〇年、鉱山の設備技術者だった小平浪平が純国産の五馬力電動モーターを開発して創業した。茨城県日立市にある工場では、発電所向けの巨大なタービンが作られてきた。

日立と言えば、大阪生まれの筆者には、通天閣の側面にでかでかと輝いていた「日立モートル」「日立ポンプ」のネオンサインが懐かしい。高さ九〇メートルあたりにある展望室のすぐ下には、巨大な日立マークが掲げられていた。その宣伝効果もあってか、私の母は「モーターは日立が一番」と言って、掃除機、洗濯機はもちろんのこと、冷蔵庫、さらに我が家に初めてお目見えしたカラーテレビまで日立の製品だった。

幼いころからこの巨大広告を目にしてきた私は、日立は関西の会社だと思い込んでいたのだが、実は、松下、三洋、シャープなどライバル社がひしめく関西での知名度を上げたいという思いから、巨大広告を出したという。我が家を見るかぎり、その作戦はうまくいったようだ。

もう四半世紀も前のことになるが、日立市にある巨大な工場群を取材した際、朝の出勤時間帯にJR日立駅から流れ出た人の群れが工場まで途切れずに続いていた風景は、いまでも忘れられない。メイド・イン・ジャパンと、それを支えてきた人々のパワーを体で感じた。

その日立の一員となった小池は、世の中に大きなインパクトを与えるものづくりを志していたこともあり、当時未来のエネルギーと考えられていた原子力発電の部門に魅力を感じていた。金属材料の研究をしていたことから、核物質を安全に封印する技術の開発に寄与できるのではないかという思いもあった。

ところが、思わぬ部門に配属された。半導体部門だ。天職との運命の出会いだったが、小池は正直あまり気乗りがしなかったという。大きなことが大好きな小池にとって、半導体は「なんだかずいぶん小さなもの」という印象だった。このずいぶん小さなものを、さらに小さく小さく、小さくしていくことに挑み続けることになろうとは、このときの小池には思いもよらなかった。

電卓戦争

日本の半導体産業は、一九六〇年代から劇的な成長を遂げていた。そのひとつの舞台となったのが電子式卓上計算機、いわゆる電卓だ。東京オリンピックが開催された一九六四年に登場した電卓は、その言葉通り、卓上になんとか収まるサイズで、重く、しかも極めて高価だった。当時大卒の初任給は二万円ほどだったが、電卓は一台数十万円もした。

例えば、世界で初めて発売までこぎ着けたオールトランジスタ・ダイオード電卓であるシャープのCS-10Aは、大きさ四二センチ×四四センチ×二五センチ、重さ二五キログラム、価格は五三万五〇〇〇円と、当時の小ぶりな乗用車を買えるほどの値段だった。内部にはトランジスタやダイオードなど四〇〇〇点もの部品がぎっしり詰まっていた。

ここから各社がしのぎを削って日本のものづくりの十八番である小型化、省電力化、薄型化、そして価格競争を展開していく。いわゆる電卓戦争の勃発だ。単品のトランジスタをＩＣに、さらにＬＳＩへと集積度を高めていくことで、電卓は劇的に小さく薄く電気を食わず、しかも安くなっていった。当初アメリカのメーカーから購入していたＬＳＩも、自社生産するメーカーが出てきた。

こうして電卓を土俵に、日本のメーカーは半導体の技術を磨いていった。さらに電卓は、数字を表示するパネルとして世界初の液晶の実用化をもたらし、省電力化と薄型化を実現するためにアモルファス太陽電池の技術も取り込んでいった。日本のビジコン社とアメリカのインテルが電卓用ＬＳＩを共同研究する中で、一九七一年、後のパソコン時代にインテルに一人勝ちをもたらすワンチップのマイクロプロセッサも誕生した。

電卓の極小化をもたらしたのはＩＣからＬＳＩへ、ＬＳＩからＶＬＳＩ（超大規模集積回路　素子数一〇万個以上）へと集積度を高めていく微細加工技術の進化だ。そして、集積度が一〇〇万個くらいになると、電卓どころか、コンピュータの大きさや性能、さらに価格も大幅に下がって、使われ方や普及度が飛躍的に変わるだろうという期待が一九七〇年代半ばには大きく膨らんでいた。また一九七五年にはコンピュータの一〇〇％資本自由化・輸入自由化が実施されることもあり、それに備えて日本のコンピュータ産業の強化が急務となっていた。

超LSI技術研究組合

そこで日本の半導体産業は、官民一体の画期的な取り組みに乗り出した。小池が日立に入社する二年前の一九七六年三月に立ち上がった超LSI技術研究組合だ。微細加工技術や材料技術など、将来のコンピュータ開発の要となる半導体関連技術の研究を目的に、富士通、日立製作所、三菱電機、NEC（日本電気）、東芝といった企業の代表が一堂に会し、共同研究を進める一大国家プロジェクトだった。総予算七〇〇億円、そのうち二九〇億円が通商産業省（現在の経済産業省）からの補助金でまかなわれた。

競合する会社が集まって次世代の超LSI技術を開発しようという試みは、当初「自社のノウハウは一切出せない」という各社の企業秘密の壁にぶち当たった。結局、基礎的で各社に共通して役立つ研究に特化するということで、なんとかスタートを切った。

研究期間は四年、その間に半導体製造の歴史を変えるいくつもの技術が生み出された。そのひとつが、高速電子ビーム露光だ。円形の薄いシリコンウエハーの上にフォトレジストという感光性を持つ調剤を満遍なく塗布し、回路が描かれたフォトマスクを通してそこに光を当てる（露光する）ことでシリコンウエハー上のフォトレジストに回路を転写する

（子どものころに一度は作ったことがあるだろう日光写真をイメージして欲しい）。回路を小さく細く描けば描くほど集積度は上がるので、当てる光の波長は短くなければならない。

露光に電子ビームを使い、さらにフォトマスクに描かれた回路図を超高性能レンズで縮小投影して露光することで、当時としては最先端となる回路線幅〇・五ミクロン（一万分の五ミリ）の描画を高速で行うことが可能になった。こうした技術をもとに、ニコンやキヤノンが光学ステッパ（ステップ・アンド・リピート式光学投影露光装置）を世に送り出し、高い歩留まりでの微細加工を実現した。

一九九〇年代以降、凋落するニッポン半導体をなんとか支えようと、「夢よ、もう一度」とばかりにいくつもの国家プロジェクトやコンソーシアムが立ち上がったが、残念ながら、この超ＬＳＩ技術研究組合ほどの成果をもたらすことはなかった。

小池が日立に入社し、東京都小平市の武蔵工場で半導体の仕事に就いた一九七八年、まさに超ＬＳＩ技術研究組合がいくつもの新技術を生み出し、ニッポン半導体が黄金時代に向け爆走しようという時期だった。

そして、同じ一九七八年、小池の入社四年先輩に当たる日立中央研究所の技術者が、後に日本のドル箱となる記念すべき半導体テクノロジーを生み出した。スタックド・キャパシタ・メモリーセル、情報を記憶する半導体であるＤＲＡＭの主流となった技術だ。これを開発した技術者については、第七章で詳述する。

新たな技術への挑戦

大きいものづくりを志して日立に入社した小池だったが、すぐに半導体という小さなものづくりに夢中になった。なぜなら、小池が任されたのが、半導体の製造技術の中でも当時各社が導入を急いでいた最新技術だったからだ。

その技術とは、ドライエッチングだ。シリコンウエハーに塗布されたフォトレジストに光学ステッパという露光装置を使って回路を転写することまでは先に述べた。感光性を持つフォトレジストは、光が当たった部分は反応して硬化し、シリコンウエハー上に残るが、光が当たらなかった部分は洗浄によって取り除かれる。つまり、フォトレジストが除去された部分はシリコンウエハーの表面がむき出しになる。このむき出しになった部分だけを削って回路を刻んでいく工程がエッチングだ。

小池が日立に入社したころ、エッチングの主流は、むき出しになった部分を酸やアルカリの溶液を使って加工するウエットエッチングだった。薬品による化学反応で溶かして削るわけだ。しかし、溶液はむき出しの部分を削ったあと、液体の性質から横にも下にも反応が広がり、本来削りたくない部分まで削られてしまうという弱点があった。これでは微細な加工には耐えられない。

そこで注目されたのがドライエッチングだ。ドライエッチングでは、溶液に代わってハロゲン系の反応性ガスが使われる。真空の容器の中で気体をプラズマ化（気体の分子が陽イオンと電子に分かれて運動している状態）させ、それを使ってむき出しの表面を削ろうという技術だ。

この場合、イオンや電子の流れを電気で制御できるので、反応は横には広がらず、狙いの場所にだけ反応させることができる。よって、より精度の高い加工、つまり微細加工が可能になる。こうして言葉で説明するだけでも、ドライエッチングの技術の難しさがわかるのではないだろうか。

会社の先輩たちがまだほとんど手がけたことがない技術の開発に携わっていることが、小池の自尊心を大いにくすぐった。ドライエッチング装置の開発に、二〇代の小池は没頭した。平日は日をまたぐ前に帰宅することはほぼなかった。週末もほとんど出社した。残業時間は月に一八〇時間に及んだ。自分の判断で何をやっても大概のことは許された時代だった。今このような働き方をしていたらコンプライアンスの観点から大問題になるのだろうが、当時の日本のものづくりの現場は本当に熱かった。

小池のドライエッチング装置の開発には、フォトレジストのメーカーである東京応化工業も参加していた。東京応化工業は、小池が日立に入社する前年に、プラズマエッチング装置を開発していたが、小池はそれに大幅な改良を加え、さらにガスの種類を変えることで歩留まりの向上に成功した。

私が小池と出会った二〇〇三年に、そのドライエッチング装置を見せてもらったことがある。メモリアルな装置ということで東京応化工業が大切に保管していたものだ。

現行の半導体製造装置に比べるとずっと小ぶりで、取り扱うウエハーも直径は一五〇ミリメートルと今の半分のサイズだった。現在半導体製造装置メーカーが商品として販売する装置に比べて、どこか手作り感のあるマシンだった。

当時はまだ半導体製造装置の開発を半導体メーカーが主導できた時代だった。日本の大手半導体メーカーは総合電機メーカーの一部門で、グループ内に装置を作る部署や子会社があり、その気になれば半導体製造装置を内製することも可能だった。

半導体メーカーが製造装置の開発をリードし、飛躍を目指す製造装置メーカーがそこに加わって二人三脚で開発を進めることで、日本企業は半導体をつくる技術をぐんぐん伸ばしていった（その後、半導体製造装置メーカーが海外市場へと飛躍していくことについては、第二章で詳述した）。

小池氏が開発に携わったドライエッチング装置(写真提供:小池淳義氏)

ドライエッチング装置の開発で頭角を現した小池は、持ち前の「やるとなれば自分は何でもできる」という信条を武器に、CVD装置、縦型拡散炉、洗浄装置など、半導体の製造に関わるさまざまな設備を装置メーカーと協力して開発、日立を代表する若手生産技術者としての地歩を固めていく。ときは一九八〇年代、ニッポン半導体は黄金期を迎えていた。

生産技術者としてのプライド

黄金期の主役となった半導体はDRAM(ディーラム:Dynamic Random Access Memory)。キャパシタに電荷を蓄えることで情報を記憶するメモリーの一種だ。キャパシタとは、電気を蓄えたり、放出したりする電子部品のことで、Random Accessというだけあって、情報を自由に出し入れできるのだが、Dynamicつまり一時的に情報を蓄えるメモリーなので、通電を止めると情報は消える。

コンピュータ上でOS（ウィンドウズのようなオペレーションシステム）やソフトウェアが動作する際にハードディスクやCPUとの間で情報を蓄えて受け渡す役割を担っており、DRAMの性能が低いと、CPUの計算速度にハードディスクが付いていけず、処理が遅くなってしまう。コンピュータを使っているときだけ機能すればよいので、作業を終えて必要な情報がハードディスクに記憶されたあと、電源を消すとDRAM内の情報は消え、次の作業に備える。一九八〇年代は、主にメインフレームと呼ばれた高性能大型コンピュータ（いわゆるスーパーコンピュータ）の記憶素子として、大量に使われていた。

DRAMを世界で初めて商品化したのは、後にマイクロプロセッサでパソコン時代の覇者となるインテルだ。一九七〇年にインテルが一キロビットのDRAM「1103」を発表すると、NEC、日立、東芝、富士通、三菱電機といった日本のメーカーが、よりすぐれたDRAMの開発に続々と乗り出した。メインフレームの要求水準は極めて高く、IBMなどは二五年間一切誤作動しない品質を求めていた。

日本のメーカーは、そうした高い要求に応え、品質と性能でアメリカ製のDRAMを圧倒。一九八六年にはＤＲＡＭ市場の八〇％を押さえ、アメリカを抜いて世界一の半導体大国となった。この年のＤＲＡＭ世界シェアランキングは、一位：ＮＥＣ、二位：日立、三位：東芝、四位：富士通、五位：三菱電機と、上位五社を日本企業が独占した。その前年、ＤＲＡＭの生みの親であるインテルは、ＤＲＡＭからの撤退を決断、主戦場をマイクロプロセッサへと移していく。

そして一九八八年、ついに日本は半導体世界シェア五〇・三％と、市場の半分を牛耳るに至った。日本の半導体メーカーは、自社のＤＲＡＭを大量に搭載したメインフレームも開発、自社のメインフレームが売れれば、ＤＲＡＭも大量に売りさばけるという垂直統合型のビジネスモデルで、メインフレームの王者だったＩＢＭの牙城をも脅かした。

ＤＲＡＭを作るのは、輪転機でお札を刷っているようなものだと言われるほど、日本の半導体メーカーに莫大な利益をもたらした。その輪転機を作ってきたのが、小池たち生産技術者である。

しかし、小池は会社での生産技術者の扱いに、違和感を持っていた。要は、設計至上主義だ。半導体の回路設計を行う設計技術者が一番偉く、生産現場はまるでその下請けのような扱いだったと小池は言う。筆者は設計技術者のことを悪く言うつもりは毛頭ないが、二〇年前に小池を取材していたときに、ちょっと気になることがあった。

欧州の携帯電話メーカーから受注を獲得するために、小池のチームが超短納期で携帯電話用システムLSIを試作したのだが、残念ながら受注獲得には至らなかった。その際、設計部隊の技術者に、「受注できなかったことを小池さんに報告しなくていいのですか？」と私が尋ねると、生産現場は関係ないというような答えが返ってきた。そのとき、設計部隊と生産部隊との関係を垣間見た思いがして、妙に記憶に残っている。

また、小池によれば、メインフレームやハードディスクドライブを作っていたコンピュータ事業部からは、そこに納入するメモリーを作っていた小池たちに対して、「これを作れ、あれを作れ、これがダメだ、あれがダメだ、何でできない」などと、何の遠慮もない厳しい言葉を浴びせられたという。先にも述べたように、メインフレームで高品質を武器にした激烈な市場獲得競争が繰り広げられていたので、担当者の緊張感も高く、半導体に対する要求水準が極めて高かったからだとは思うのだが、生産現場ではコンピュータ事業部のことを「一番いやなお客」と言っていたそうだ（実は日立のハードディスク部門は、後にウエスタンデジタルに買収され、皮肉にもウエスタンデジタルの日本法人社長である小池が統括することになった）。

当時はDRAMなどメモリーの多くが同じ会社が作るメインフレームに大量に使われていたため、社内で元請けと下請けのような上下関係ができあがっていたのかもしれない。

しかし小池は、これはおかしいと不満を募らせていた。そもそもどんなに見事な回路設計も、それを半導体チップという現物に落とし込み、さらに量産できなければ商売にはならない。しかも、半導体の製造は極小のチリひとつが巨大な岩石のようになって配線を断ち、不良品を生み出してしまうほど、微細なものづくりで、歩留まりを上げるのが極めて難しい。

価値を生み出しているのは、生産現場であるというプライドを小池は膨らませていった。世界一革新的な工場を作って、日立に小池淳義あり、ということを社内外に見せつけてやりたい。そのプライドが、小池に新たな生産方式への気づきをもたらすことになる。

一〇〇枚まとめて作るのと、一枚ずつ作るのと、どちらが効率的か？

DRAMが飛ぶように売れた時代、半導体は一度に何十枚という大量のシリコンウエハーをまとめて加工するバッチ式が主流だった（バッチとは、一群とか、一回に生産される量という意味を持つ英語）。ただし、露光工程などは一枚ずつビームを当てて回路を転写する必要があるため、枚葉式《まいようしき》と呼ばれる一枚ずつ加工する方式がとられていた。

当時は、一度にまとめて処理するバッチ式が、コストが低く最も効率が良いというのが常識だった。ところが、小池はこの常識を疑ってみようと考えた。革新的な生産方式を生み出すには、いま誰もが当たり前と思っている常識をまず疑ってみることから始めるしかない。

小池は一晩かけて比較実験を行うことにした。エッチングの工程を、バッチ式と枚葉式で処理してみて、実際にどちらの効率がよいのか、どちらのほうが優れた品質のものができるのか、比べてみた。一晩かけて処理できた枚数は、バッチ式が四〇〇枚、枚葉式は二〇〇枚だった。枚数を見ると、やはりバッチ式に軍配が上がる。勝負あったかと思いきや、小池は全く違うところに注目していた。

バッチ式の場合、一〇〇枚ものウエハーを一度にまとめて処理するため、ひとたび処理が始まると全部終わるまで手を出すことができない。もし処理に問題があれば、一〇〇枚すべてが不良品としてムダになってしまう恐れもある。ところが、枚葉式の場合、一枚一枚処理するので、一枚ごとに出来具合を確認できる。それを受けて、問題があればそこで生産を一時止めることもできるし、いろいろと条件を変えながら、一枚ごとに最適な状態へと近づけていくこともできる。

半導体は極めてデリケートなものづくりだ。このように条件を少しずつ追い込んでいくことが、半導体の品質向上には大きなプラスとなる。バッチ式では一〇〇枚ずつ四回処理したとして、試すことができる条件は四通り。それに対し、枚葉式だと処理できた枚数は半分の二〇〇枚だが、二〇〇通りもの条件を試すことが可能で、枚葉式はバッチ式の五〇倍もの製造データを手に入れられることになる。これは品質と生産ノウハウの向上に大きく寄与する。

もうひとつの気づきは、見かけの処理速度と、実際の処理速度の違いだ。たしかに一晩かけてエッチング工程を終えることができた枚数はバッチ式のほうが二倍と多い。しかし、考えてみると、バッチ式でまとめて処理をしている間に、枚葉式では一枚一枚次の工程に処理済みのウエハーを進めることができる。

枚数はともかく、どちらが先にすべての処理工程を終えて完成したウエハーを手に入れられるかというと、枚葉式のほうなのである。つまり、枚葉式は多品種少量の半導体をハイスピードで作ることができるという強みがあることがわかったのだ。

実はこの枚葉式の生産プロセスは、戦後日本で生まれた、ある画期的な生産方式に通じている。トヨタ生産方式だ。

トヨタ生産方式とは、「売れる製品を、売れるときに、売れる分だけすばやく作ることができるシステム」である。トヨタ自動車で副社長まで務めた大野耐一が中心となって、当時九倍とも言われたアメリカとの生産性の差を覆すために生み出された、ムダを徹底して排除するものづくりだ。

トヨタ生産方式の柱となる考え方はふたつ。ひとつはジャスト・イン・タイム。先に述べた「売れる製品を、売れるときに、売れる分だけすばやく作る」ということだ。まとめて作って在庫を持つのではなく、一個必要なときにすぐに一個作るという「一個づくり」の思想が根底にあるが、これはまさにウエハーを一枚一枚処理していく枚葉式に通じる。

バッチ式だと、一度に一〇〇枚ほどのウエハーを処理するので、例えば露光工程から上がってくるウエハーが一〇〇枚集まるまで処理を待たなければならない。その待ち時間がムダな上、工場には仕掛かりの在庫がたまってしまう。この仕掛かりの在庫というのは、材料に加工が施されないまま放置されている価値の付かない状態であり、しかも場所もとるため、トヨタ生産方式では最も忌み嫌うムダの一つである。

トヨタ生産方式のもうひとつの柱は、ニンベンの付いた自働化だ。「自動化」ではなく「自働化」である。これは、生産ラインにトラブルがあれば、躊躇せず生産を止めて問題解決に当たることで、生産ラインの中で品質を作り込んでいくという考え方だ。発想の原点は、トヨタグループの創始者である豊田佐吉が発明した豊田式木鉄混製動力織機にある。横糸が切れたら自動で織機が停止するしくみを備えることで、糸が切れたまま不良品を作り続けるというムダをなくす画期的な発明だった。

いまでは問題が起きたときに生産ラインを止めるのは当たり前のように思えるかもしれないが、大量生産の本家であるアメリカのフォード生産方式では、以前はベルトコンベアを止めることは御法度で、製品ができあがってから不良品の手直しを行っていた。製品になってから手直しをするのは手間もコストもかかる。

そもそも半導体の世界では、一度不良が起きてしまったウエハーは手直しが効かない。まさに生産工程の中で完璧に品質を作り込んでいかなければならないのだが、その点、枚葉式のほうが一枚一枚状態を確認できるので、条件を変えながら品質を作り込むことができる。

当時小池はトヨタ生産方式に明るかったわけではないが、直感と実験を頼りに枚葉式の中にジャスト・イン・タイムと自働化のメリットを自ら見いだした。そして、すべての工程を枚葉式で行う工場を作れば、とんでもないスピードで半導体を市場に送り出す新しいビジネスモデルを打ち出せると考えた。

そこで小池は勇んで自らの発見とアイデアを上司に進言した。しかし、色よい反応は返ってこなかった。

上司曰く、すべて枚葉式で処理するとどうなるかという話は以前からないわけではないが、まずコスト的に合わない。それにDRAMは大量に作らなければならないから、やはり一気にまとめて処理するバッチ式のほうが適している。余計なことは考えなくていい。当時DRAMは作れば作るだけ売れた。とにかく大量に作ることが第一で、ちまちまと一枚ずつ作るなどという考えは全く受け入れられなかった。たしかに、一枚一枚手間をかける分、枚葉式はコストがかかる。儲かっているのに、わざわざ生産方式を変える必要はないという考えにも理がある。

しかし、小池はDRAMとは違う市場を見ていた。情報を記憶するメモリーではなく、情報を処理するロジック半導体だ。メモリーは、わかりやすく言えば、決められた面積のシリコンチップの上に情報を記憶する箱をたくさん作ってやればいい。まさに少品種大量生産が適している。しかし、ロジック半導体は、使われる機器によって回路仕様が異なってくる。

そして、八〇年代には家電にもマイコンが組み込まれるようになっていた。いずれあらゆる製品にロジック半導体が組み込まれる時代が来る。そのとき、多品種少量のロジック半導体をすばやく作ることができる枚葉式が必ず半導体生産の主役になる。小池は上司にそんなことも話したが、打ち出の小槌のように儲かるDRAM需要の前では、むなしく受け流された。

儲かっているときにこそ、次への投資を行うべきである。なぜなら、儲からなくなったときには、投資を行う余力すら残されていないからだ。このことは、ビジネスに携わっている者なら誰でも首を縦に振るであろうが、いざその局面に身を置くと、なかなか実行するのは難しいのかもしれない。ましてや、八〇年代のニッポン半導体の勢いは、陰りが来ることを感じさせないほどすごかった。「もはやアメリカから学ぶことは何もない」、当時学生だった私はそんな決まり文句をメディアで何回見聞きしたことか。日本経済は八〇年代後半からバブル経済に突入、短い狂乱の時代を謳歌する。

オール枚葉式工場の構想を却下された小池は、早く出世して権限のある立場に就くしかないと腹をくくった。一方で、その時のために、半導体製造装置メーカーに個別に働きかけ、枚葉式装置の開発を促すことも忘れてはいなかった。しかし、小池がある程度の権限を持つころには、ニッポン半導体を巡る状況は一変していた。

アメリカの巻き返し、韓国の追い上げ

これまで見た映画で最も興奮した作品は何かと聞かれたら、私は一九八五年公開の『バック・トゥ・ザ・フューチャー』を挙げる。その三部作完結編となる『バック・トゥ・ザ・フューチャーⅢ』には、とても興味深い場面がある。

舞台は一九五五年のアメリカ西部。稲妻に打たれて故障したタイムマシンのタイム回路を調べると、焼き切れたＩＣチップが見つかる。チップを調べていた博士が、メイド・イン・ジャパンの刻印を見つけて「ああ、やっぱり日本製はダメだな」と言うと、一九八五年からタイムトラベルしてきた少年が「何言ってんの。日本製は最高だぜ」と言い返す。博士は一言「アンビリーバブル！（信じられない）」。一九五五年には粗悪品の代名詞だったメイド・イン・ジャパンが、わずか三〇年後の一九八五年には世界最高のブランドになっていたという驚きの事実をネタにしたシーンだ。映画を見ながら、戦後の日本人が成し遂げた奇跡の成長に思いをはせたものだが、この映画が公開された一九九〇年にはすでにアメリカの強烈な巻き返しが始まっていた。

一九八六年七月、日米両国政府の間で日米半導体協定が結ばれた。ニッポン半導体にシェアを奪われ続けていたアメリカは、政治的な圧力によって失地回復を図ろうとした。ニッポン半導体は、一九九六年までの一〇年間、この協定に縛られることになる。

協定の柱はふたつ。ひとつは日本の半導体市場を海外メーカーに開放すること。八〇年代後半には、日本の半導体市場だけで世界市場の約四〇％を占めていた。メインフレームに加え、テレビ、ビデオテープレコーダー、コンパクトディスクプレーヤーなどのエレクトロニクス機器、さらに生活家電に至るまで半導体が使われるようになり、当時電機製品の分野で世界を席巻していた日本企業が、自社の半導体を自社の製品に搭載する垂直統合モデルで一人勝ちを謳歌していた。

この時代、日本は自社の半導体を生かせる製品プラットフォームを持っていたことに注目したい。事実、国内半導体市場の九〇％以上を日本メーカーの半導体が占有していた。アメリカは、そこに海外メーカーの半導体を使えと要求してきた。一九九一年に改訂された新協定では、外国製半導体のシェアを二〇％以上に高めることが目標として明記された。そして、四半期ごとに協定での目標値がクリアされているか、調査された。

もうひとつの柱は、日本の半導体メーカーによるダンピングの防止。日本メーカーごとにアメリカ側が独自の基準で公正市場価格なるものを設定するという、極めて異常な措置だ。その公正とされる価格を下回る価格で半導体を販売することが禁止され、それを下回るとダンピング、つまりライバル企業を市場から駆逐するための不当に安い価格での販売と見なされ、制裁の対象となる。

またアメリカは一九八七年、日本の超ＬＳＩ技術研究組合を手本に、官民合同でセマテック（ＳＥＭＡＴＥＣＨ）を設立。Semiconductor Manufacturing Technologyの略で、言葉の通り、次世代半導体の製造技術の共同開発を企業の壁を越えて行うという組織だ。メインフレームで日本企業の攻勢に苦しんでいたＩＢＭ、ＤＲＡＭからの撤退に追い込まれたインテル、自ら生み出した集積回路の技術で日本企業にお株を奪われていたTI（テキサス・インスツルメンツ）など、アメリカを代表する一四社が集結。国を挙げて技術的な巻き返しにも動き始めた。

かなり厳しい半導体協定にもかかわらず、当初は、「市場開放のためにアメリカから購入した半導体を太平洋に捨てて帰っても、十分日本は勝てる」というような楽観的な見方もあったらしい。ところが、市場開放とダンピング防止という二つのくびきは、第三のプレーヤーの台頭を促すことになった。韓国である。

一九八三年、韓国は輸出戦略産業としてDRAMへの市場参入を発表、半導体の中でもDRAM一本にほぼ的を絞って集中投資するという独特のスタイルで、二年後の一九八五年には六四キロビットのDRAM工場を完成させた。そのころはまだ日本とは数年の技術格差があるとされていたが、二五六キロビットで四年、一メガビットで二年、四メガビットで一年、一六メガビットではほぼ同時期の発売となるまで急速に日本メーカーを追い上げた。

その間、日本の技術者たちが週末に韓国に招かれ、DRAMの製造ノウハウなどを伝授するという高給アルバイトに従事していたという話は、筆者も当事者にインタビューで確認している（同じような技術流出が、後に液晶技術でも起きている）。

一方、日米半導体協定で日本のメーカーは、外国製半導体を使う割合を増やさなければならなくなったのだが、増やすべき外国製半導体として注目されたのが、韓国製のＤＲＡＭだった。自社のＤＲＡＭ担当の営業に、提携していた韓国メーカーのＤＲＡＭを顧客に薦めるよう指示を出すという、今では考えられないようなことが行われていた。つまり日本製ＤＲＡＭのシェアを韓国製ＤＲＡＭに自ら譲ったのである。さらに、韓国は公正市場価格の縛りを受けた日本製ＤＲＡＭをよそに、競争力のある価格設定でＤＲＡＭを売りさばき、日本のシェアを奪っていった。

しかも、一九九一年、日本の景気はバブル崩壊で一気に冷え込んだ。日本のメーカーが新規投資に急ブレーキを踏む一方で、韓国のサムスンは逆にここぞとばかり重点的に投資を行い、シリコンウエハーのサイズを一五〇ミリから二〇〇ミリに拡大するなど生産性を高め、六四メガビットのＤＲＡＭでついに日本メーカーに先行した。

一九九二年、韓国のサムスンがＤＲＡＭの売上高で前年一位の東芝を抑え世界のトップに立った。そして日本は半導体世界シェア第一位の座からも転落し、アメリカの再逆転を許すことになった。

メインフレームからパソコンへ

それでも、もしかしたら再びトップの座に返り咲けると信じていた技術者や経営者もいたかもしれない。価格はともかく品質では韓国メーカーのＤＲＡＭに絶対に負けはしないと。しかし、九〇年代、製品のプラットフォームの変化が、日本のＤＲＡＭに追い打ちをかけた。それまでＤＲＡＭの主な需要はメインフレームという高性能大型コンピュータだったが、コンピュータのダウンサイジングが急激に進み、主役はワークステーション、さらにパーソナルコンピュータへと移っていった。

たしかに日本のＤＲＡＭはＩＢＭが要求する二五年保証にも耐えうる高品質を誇っていたが、パソコンにはそこまでの品質は必要ない。むしろ、個人へのパソコンの普及を考えると、価格の安さのほうが大事なのだが、高く作って高く売るというメインフレーム向けのＤＲＡＭばかり作ってきた日本のメーカーには、パソコン用のＤＲＡＭを低コストで大量生産するノウハウがなかった。

一方、後発の韓国メーカーは、メインフレーム市場に食い込むための高品質を追究するよりも、当初からパソコン用のＤＲＡＭに狙いを定めて、フォトマスクの枚数を少なくしたり、工程数を減らしたりして、低コストでDRAMを大量生産するノウハウを構築していた。

日本のメーカーも高品質なDRAMを作る技術があるのなら、品質を落として低コストのDRAMを作るのは容易ではないか、と思ってしまうのだが、そうではない。製品の全体像を見直し、ものづくりの考え方を根本から変えることから始めなければ、なかなか難しい。それをせずに、これまで品質のためにやってきたことをコストダウンのために間引いていくのは、現場に手抜きと感じさせて士気が下がるだけでなく、実際に品質全体に予想以上のダメージを招いてしまう恐れもある。

そもそも、長年品質のためと信じてやってきたことを、コストダウンを理由に変えるのは、半導体に限らず製造現場での抵抗が大きい。産業コンサルタントの山田日登志の工場改善活動に何度か同行したことがあるが、まだ改善活動が浅い現場では、山田が何かを変えようと提案すると、「それは理由があってやっている」という答えが現場のリーダーからほぼ必ず返ってきた。しかし、その理由というのを突き詰めていくと、実はほとんど意味のないことだったりするのも、まざまざと見てきた。それほど、長年よしとしてきたやり方を自ら変えるのは難しいということだ。

それに日本のメーカーは新規投資する力を本当に失っていたようだ。バブル崩壊後、小池の上司だった工場長が、巻き返しのために四メガＤＲＡＭの大キャンペーンをやると意気込んでいたら、上からストップがかかって企画倒れになってしまった。そのときの工場長の意気消沈した姿がいまでも深く記憶に残っていると小池は語る。

韓国経済は一九九七年のアジア通貨危機で深刻なダメージを受けるが、韓国政府が半導体産業の再編を行ったことでサムスンはむしろ事業基盤を固め、ＤＲＡＭへの一点集中投資を行うことができた。翌一九九八年、韓国はＤＲＡＭのシェアで日本を追い抜き、ＤＲＡＭ世界一の座を手に入れた。

ウィンテル

メインフレームに替わってパソコンがコンピュータの主役になった背景には、進みつつあったコンピュータのダウンサイジングに加え、インターネットの登場がある。インターネットにアクセスする端末としてのパソコンである。

私事になるが、高校生のときにパソコン好きの数学教師が「将来、間違いなく一家に一台パソコンが入るようになりますよ」と授業中に得意げに話していたのを覚えているが、そのときはそんなの一体何に使うんだと思っていた。筆者にとってパソコンの初体験は一九八八年、大学四年生のとき。卒論作成のために大学のメインフレームにアクセスする端末として、初めて触れた。

パソコン上に日本語の表記は一切なく、わざわざフォートラン77というプログラム言語を勉強して、UNIXというOS（オペレーションシステム）上で、なかなか動かない横文字プログラムを何度も書き直させられた。その難解で煩わしい作業に追われた経験から、私はすっかりパソコン嫌いになってしまった。

NHKに入ってしばらくは周囲の誰もパソコンなど使っている様子はなかった。NECが分厚いラップトップ型のパソコンを発売したとき、同期の職員が連れ立って購入したが、何に使っているのか尋ねると、日本語ワープロだという。それならば、プリンターの付いたワープロ専用機のほうがずっと使いやすいじゃないかと、私は同じNECの「文豪」というワードプロセッサを使い続けた。ちなみに記憶媒体はフロッピーディスクだ。

九〇年代の半ばになると、様子が変わってきた。まず職場でもインターネットに接続できるデスクトップパソコンが配備された。ネットスケープ社のブラウザが使われていた。使ってみたが、日本語でアクセスできる情報には大したものがなく、使えないというのが第一印象だった。

一気に空気が換わったと感じたのは、一九九五年、ウィンドウズ95の発売である。のちに私も資料映像として何度も使ったが、ウィンドウズ95が発売された量販店の様子がメディアをにぎわせた。山積みされた妙に大きな箱に群がる人々、いくらでも買っていってくれと調子よく叫ぶ店員、一体これは何なんだというのが正直な感想だった。

しかし、少し後になってNHKでもラップトップパソコンが職員に配備されるようになると、大学生のときに使ったメインフレームへのアクセス端末としてのパソコンとは違い、グラフィカルインターフェースとマウスによって格段に使いやすくなっていた。そして、ウィンドウズ上で動くインターネットエクスプローラーによって、ネット検索は個人支給のパソコンで容易に行えるようになった。

一九九六年に腸管出血性大腸菌O157による食中毒事件が起きた際、私の先輩が興味深い話を聞かせてくれた。O157とは一体何なのか、その実態を調べあぐねていたベテラン記者たちをよそに、まだ入局まもない新人がインターネットを使ってアメリカのCDC（アメリカ疾病予防管理センター）のサイトにアクセスして、O157についての詳細な情報をとってきたというのだ。いまでは当たり前のネットによる情報検索だが、私の先輩は「情報の取り方が変わって、新人でもパソコンとインターネットと英語に精通していればベテランにも勝る仕事ができる時代が来た」と感慨深げに語った。

私自身がインターネットの可能性を感じたのは、プロイセンの参謀総長・モルトケについて調べていたときのこと。パソコンに精通した後輩が、「ネットで聞いてみますか」と言って、ドイツ参謀本部愛好家が集まるサイトを探し当て、そこに「モルトケについて知られざる情報があれば教えてください」と書き込んだ。数時間もすると、見知らぬ複数の人たちから返事が届いたのだ。情報そのものには驚くほどのものはなかったのだが、見知らぬ複数の第三者から情報をとることができるというインターネットの可能性に驚いた。

そういえば、以前は国が出している統計一つ手に入れるにも、わざわざ官公庁の担当者に連絡をしてFAXで送ってもらったりしていたが、そういう情報もインターネットでアクセスできるようになっていった。いまや、この原稿を書いている私自身、インターネットで情報を確認しながら文章を構想している。

以上はパソコン嫌いだった私自身がパソコンとインターネットに慣れ親しんでいったプロセスだが、本場のアメリカではもっと早く、一九九一年にウィンドウズ3・1が発売されたあたりから、パソコンを端末にインターネットにアクセスする動きが活発になっていたようだ。そして、そのウィンドウズパソコンの頭脳となる半導体・CPU（中央演算処理装置）のデファクトスタンダードを握ったのが、かつて日本メーカーの攻勢によって自ら生み出したDRAMからの撤退を余儀なくされたインテルだった。

マイクロソフトのOS・ウィンドウズとインテルのCPUがパソコン市場をがっちり押

さえたことから、この強者連合をウィンテルと呼ぶ時代があった。そして、そこに使われるＤＲＡＭは、メインフレームの時代とは異なり、主に韓国メーカーのものになっていった。パソコンという新たなプラットフォームでは、日本のＤＲＡＭはもはや主役ではなくなっていた。

一九九九年、かつてＤＲＡＭ市場を牛耳ったＮＥＣと日立製作所は、それぞれのＤＲＡＭ部門を統合して、エルピーダメモリを設立した（当初の社名は、ＮＥＣ日立メモリ）。二〇〇三年には三菱電機のＤＲＡＭ部門も統合され、世界第三位のＤＲＡＭメーカーとなるが、二〇一二年、会社更生法の適用申請を行い、翌年アメリカのマイクロンテクノロジーに買収された。

この少し後に小池が「国が支援して、あと一年持たせていれば、ＤＲＡＭの市況も回復してなんとかやりきれただろうに」と残念そうに語っていたのを覚えている。

ファウンドリというビジネスモデル

ニッポンのＤＲＡＭが韓国に主役の座を明け渡した一九九八年、小池は四〇代半ばを過ぎていた。肩書きは、半導体グループ生産統括本部・生産技術開発センター長。ようやく長年の構想を実現できそうな立場にたどり着いた。このころ小池は、枚葉式一貫生産ラインの構築に加え、二つの構想を温めていた。

ひとつは三〇〇ミリメートルウエハーの導入である。一九九四年ごろから、直径二〇〇ミリだったシリコンウエハーを三〇〇ミリに大きくしようという議論が国際的に始まっていた。直径二〇〇ミリのシリコンウエハー一枚から六〇〇個のチップが取れる場合、ウエハーの直径を三〇〇ミリにすると同じチップが一枚から一五〇〇個取れるようになる。

例えば、一万個のチップの注文があった場合、二〇〇ミリだと一七枚のウエハーを処理する必要があるが、三〇〇ミリだと七枚で済む。三〇〇ミリウエハーを使って枚葉処理すれば、倍以上のスピードで半導体を顧客に届けることができる。

生産スピードを売りにしようという小池にとって、ウエハーの三〇〇ミリ化は絶対に必要だった。そのためには枚葉式同様に、三〇〇ミリウエハーに対応した半導体製造装置を装置メーカーに開発してもらわなければならない。小池は三〇〇ミリウエハーを世界標準にするために、国内はもちろんのこと、アメリカのセマテックにも働きかけ、国際的な合意を取り付けていった。

もうひとつの構想は、会社には全容を伝えにくいものだった。それは、日立製作所の工場に三〇〇ミリウエハーの枚葉処理生産ラインを作るのではなく、新たに生産専門の子会社を立ち上げようという構想だった。

そしてここからが核心なのだが、小池はいずれその会社をファウンドリとして独立させたいと考えていたのだ。なぜなら、日立と競合するメーカーが日立の子会社に製造を委託する可能性は低いからだ。基本的に、どのメーカーからも独立して中立でいることが、ファウンドリの条件である。しかし、さすがに独立をもくろんでいる計画に会社は資金を出さないだろう。話をうまく進めなければならない。

小池がファウンドリに可能性を感じたのは、一九九〇年ごろ、台湾に足を運び、TSMCの工場と、同じく台湾のファウンドリであるUMCの工場を視察したときのことだった。半導体の製造に特化することで世界中のメーカーから注文を集めるというビジネスモデルに魅力を感じた。

日立では自社で生産した半導体は主に自社の製品に使われるという時代が長かった。そのため、自社の製品の売れ行きに半導体の売れ行きが左右された。ファウンドリという製造受託会社が出てきたことで、半導体の開発設計だけを行うファブレスという企業スタイルも生まれていた。垂直統合ではない水平分業というモデルが時代の主流になると小池は直感した。

さらに小池は、会社に蔓延する設計至上主義に不満を感じていた。ものづくりの力が価値を生むというファウンドリこそが、生産技術者としての自分の腕を振るうことができる最良の舞台ではないかと考えた。

小池はファウンドリの話は伏せ、三〇〇ミリウエハーで枚葉処理を行う子会社の構想を当時の半導体グループのグループ長に持ちかけた。試算したところ工場を新たに作るには最低でも七〇〇億円の資金が必要だった。グループ長は、子会社を作るという話には興味を示してくれた。というのも、いつまでも投資を控えているわけにはいかないが、日立単独で巨額の投資資金を用意するのは難しい状況だったからだ。つまり、パートナー企業を探してきて合弁会社とすることが子会社設立の条件だった。

小池には合弁を組みたい相手がいた。かつて小池がファウンドリビジネスの可能性を見いだすきっかけとなった台湾のファウンドリ・UMCだ。将来新会社がファウンドリとして独立するにはうってつけのパートナーだ。しかも、UMCはTSMCよりも早く創業したにもかかわらず、ビジネス的にはTSMCの後塵を拝していた。日立と組んで新しい会社を作ることで、TSMCに対して攻勢に出るというメリットも感じてもらえるはずだと小池は考えた。

UMCとの交渉に当たった上司から、UMCが合弁に興味を示してくれているという朗報が入った。しかし喜んだのもつかの間、UMCは小池が受け入れがたい条件をつけてきた。三〇〇ミリウエハーではなく二〇〇ミリウエハーであれば合弁に応じるというのだ。おそらく、当時まだ三〇〇ミリウエハーを導入している工場はなく、安定操業に不安があったのだろう。しかし小池は三〇〇ミリでなければやる意味はないと考えていた。そこで、上司のすすめで小池自身が台湾に赴き、ＵＭＣのロバート・ツァオ会長を説得することになった。

当初ツァオ会長の二〇〇ミリウエハーに対するこだわりは相当なものだと聞いていたので、交渉は難航すると覚悟していた。しかし、小池が三〇〇ミリウエハーで枚葉処理をするメリットについて、自らが行った検証データも織り込みつつ熱くプレゼンすると、一五分もしないうちに「わかった。やりましょう」とツァオ会長は小池の手を握った。

夢の城、トレセンティテクノロジーズ

茨城県ひたちなか市に、ＤＲＡＭ生産用に建設されて空いたままになっていた工場があった。二〇〇〇年三月、そこに世界初の三〇〇ミリウエハーによる枚葉式一貫生産を行う新会社が創られた。新会社の名はトレセンティテクノロジーズ。トレセンティとは、ラテン語で三〇〇を意味する言葉だ。三〇〇ミリウエハーにちなんで小池が命名した。微細加

エレベルは当時最先端の一三〇ナノメートル。デジタル家電や携帯電話の頭脳となるシステムLSIなどロジック半導体の製造を期待された。出資比率は日立六〇％、UMC四〇％だった。

小池は取締役生産技術部長という立場でトレセンティに出向したが、会社にひとつ要望を出していた。日立に戻ることのない片道切符の出向を志願したのだ。トレセンティは小池にとって夢の城だ。近い将来独立することも念頭に置く小池にとっては背水の陣で臨むべきプロジェクトだ。

あおりを食ったのは小池と一緒にトレセンティに出向した役員たちだった。いずれは日立に戻るつもりだったが、自分たちも転属扱いになっていることに驚いた。念願叶って上気する小池が「きょうは飲みに行きますか！」と声をかけたところ、バカヤローと返されたそうだ。無理もない。

さて、トレセンティテクノロジーズとはどのような工場だったのか。二〇年前に取材した記憶をたぐってみよう。

私たちNHKの撮影チームは、ルネサステクノロジのSOC第六部が、当時市場をリードしていた欧州の携帯電話メーカーからシステムLSIの注文を獲得できるかどうかを、その開発段階からドキュメントしていた。トレセンティは、受注獲得のための試作チップの製造を担当していた。

工場のクリーンルームに入ると、三〇〇ミリウエハー対応の枚葉式半導体製造装置がずらりと並んでいた。一番多かったのは、世界シェア第一位の半導体製造装置メーカーであるアメリカのアプライドマテリアルズの装置だった。

現在アプライドマテリアルズのCEOを務めるゲイリー・ディッカーソンは、小池が親友と呼ぶ人物で、一九八五年からの付き合いだ（ラピダス会長の東もディッカーソンとは親交が深い）。早くから小池の構想に理解を示し、三〇〇ミリ枚葉処理装置の開発に協力してくれたのだろう。

工場でもうひとつ記憶に残っているのは、各工程を結ぶ高速自動搬送システムだ。ウエハーを積んだケースがなかなかのスピードで工場を駆け巡っていた。それまで私が目にしてきた工場の中で、最も搬送スピードが速かった。私たちは、空いているケースに小型カメラを設置させてもらい、ケースの中から外を流れていく工場の景色を撮影させてもらったりした。

小池はさらにスピードを上げるために、セルチームというグループを結成し、高速搬送を人手による運搬でショートカットするという試みを私たち撮影チームの前でやってみせた。それにしても、白いビルのような製造装置群とその間を行き交う高速搬送機の姿は二二世紀あたりの未来都市を思わせる光景だった。

そして、クリーンルームに人の出入りが多かったのも驚きだった。当時、半導体工場のクリーンルームと言えば、人の出入りはかなり制限され、あまり人がいない印象があったのだが、トレセンティは普通の工場並みとは言わないまでも、エンジニアやテクニシャンと呼ばれる技術者たちが頻繁に出入りしていた。装置と装置の間の通路も広く、クリーンルームの中にはオープンなミーティングスペースまであり、そこにクリーンウエアを着た技術者たちが大勢集まって打ち合わせをしている姿は実に不思議な光景だった。

なぜそんなことが可能だったのかというと、この工場では加工されるウエハー周辺の空間をシールドして、その内部の清浄度を特別に高める局所クリーンシステムを導入していたからだ。おかげで私たちもクリーンルームで縦横無尽にドキュメンタリーロケをさせてもらえた。

トレセンティが操業を始めたばかりのころ、世界初だった三〇〇ミリの製造ラインがうまく機能するのか、懸念する声も多かった。しかし枚葉式だったため、一枚ごとに状態を確認し、次の製造に反映することができる。良品率はみるみる上がり、同じひたちなか市にあった日立の二〇〇ミリ工場の良品率をあっという間に抜いてしまった。ウエハーを完成させるまでの時間も、バッチ式では一か月かかるところを、枚葉式の特急だと一週間で仕上げることができた。

小池はこうしたデータを携えて、世界の代表的なファブレスを行脚した。大手のファブレスから受注を得られれば、それが実績となってファウンドリへの道が開けると期待していた。しかし、現実は思いのほか厳しかった。携帯電話用チップを開発していたアメリカのクアルコムは、当時の幹部がトレセンティの実力に驚嘆し、すべての半導体の製造をお願いしたいとまで語ったが、最後に「ただし、トレセンティが日立の子会社ではなく、独立した会社になったらね」という条件が付けられた。他のファブレスからも同じような技術への賞賛と発注の条件が寄せられた。

たしかに大手半導体メーカー・日立製作所の子会社である限り、発売前の半導体の情報をライバル企業の子会社に渡すわけにはいかないだろう。予想はしていたが、トレセンティの実力を示せば、もしかしたらという気持ちもあった。

小池は独立への思いを新たに、帰国の途に就いた。

ＩＴバブル崩壊とＵＭＣの離脱

小池が描いたトレセンティ独立へのシナリオは、日立とＵＭＣの持ち株比率を下げ、市場から株主を集めることだった。具体的には日立三〇%、UMC三〇%、その他市場からが四〇%である。小池はそのプランを手に半導体グループのトップに直談判に行ったが、受け入れられるはずもない。

日立にとってトレセンティは、日立の半導体を作るための大切な最先端工場である。UMCと同じ持ち株比率にすることなどもってのほか、何より株の過半数を押さえることは日立にとって譲れない条件だった。

折しも、トレセンティが本格量産に入った二〇〇一年は、ITバブルの崩壊によって半導体業界が未曽有の不況に襲われた年だった。UMCは小池の独立案に賛同していたものの、日立の態度は変わりそうにない。しかも、半導体不況で経営は悪化。二〇〇二年、しびれを切らしたUMCは合弁を解消、トレセンティは日立の一〇〇%子会社となり、小池は二代目の社長に就任することになった。

小池はUMCが合弁から離脱した時点でファウンドリの夢は危うくなったと思った。しかし、このあと、独立ファウンドリへの最後のチャンスが訪れる。

ＡＳＰＬＡとルネサステクノロジ

二〇〇二年七月、国費三一五億円を投じて、システムＬＳＩを作るための標準プロセス技術を開発する国家プロジェクトが立ち上がった。先端ＳｏＣ基盤技術開発、通称ＡＳＰＬＡ。参加企業は、日立、富士通、松下電器、三菱電機、ＮＥＣ、東芝、沖電気、ローム、三洋電機、シャープ、ソニーの一一社。三〇〇ミリウエハーを使って九〇ナノレベルの製造ラインを構築し、それを標準プロセスとする。半導体業界でファブレスとファウンドリによる水平分業が進む中、日本のメーカーがシステムＬＳＩの開発設計に注力できるよう、製造については標準プロセスを共有させることが経済産業省の狙いだった。

小池はＡＳＰＬＡの製造ラインをぜひトレセンティに誘致して欲しいと会社上層部に強く働きかけた。うまくいけば、それを機に、少なくとも日本のメーカーを相手とするファウンドリを立ち上げられるかもしれない。

しかし、小池の期待に反し、ＡＳＰＬＡの製造ラインは、ＮＥＣの相模原事業所に設けられることになった。なぜＮＥＣ相模原に決まったのか、どのような力学が働いたのか、いまだ小池は不明だという。

ただ、こんな話が持ち上がっていた。ＮＥＣ相模原で構築された標準プロセスをトレセンティに導入し、トレセンティを日本メーカーによる共同ファブにしようというのだ。それならなぜ最初からトレセンティにＡＳＰＬＡの製造ラインを持ってこないのかと思いつつ、うまくいけばファウンドリへの夢を実現できるかもしれないと、小池は期待を膨らませた。

ところが二〇〇三年四月、状況に変化が生じた。日立製作所はシステムＬＳＩやマイコンを作る部門を切り離し、三菱電機の同部門と統合してルネサステクノロジを設立したのだ。問題はトレセンティテクノロジーズの扱いだ。小池によれば、三菱電機からやってきたルネサスの会長は、当初トレセンティにあまり関心を示さず、数社から一〇社による協同出資会社にするという考えもあったそうだ。つまり、小池が期待していた日本メーカーによる共同ファブだ。

しかし、日立からルネサスの社長に就任した人物は半導体グループ長を務めていた人物で、トレセンティの実力を熟知していた。そのトレセンティに、ＮＥＣで開発された製造プロセスが導入されることに抵抗を感じても不思議ではない。

実は、ルネサスには当初ＮＥＣも加わって三社統合に向けた交渉が進んでいたにもかかわらず、ＮＥＣが途中で離脱したという話があった。そのＮＥＣで開発された製造プロセスをルネサスの子会社であるトレセンティに導入するわけにはいかないというのもあったのだろう。筆者がルネサスの経営陣のひとりから「当面の目標はNECエレクトロニクスをたたきつぶすこと」という言葉を直接聞いた際、背景にある闇を感じたが、そのルネサステクノロジは後にNECエレクトロニクスと経営統合してルネサスエレクトロニクスになった。結局収まるところに収まったということか。

ルネサスがトレセンティに対する執着を示し始めたころ、他の参加企業は共同ファブへの意欲を徐々に失い始めていた。実はASPLAに参加する以前から、富士通のように着々と独自に九〇ナノレベルの技術開発を進めている企業もあった。そもそもASPLAの九〇ナノレベルの製造プロセス開発という目標設定そのものが低すぎるという見方もあった。しかも、二〇〇三年に入ると半導体の市況は回復局面に入っていた。こうなると様子を見ようと表に向けていた手のひらを返して「自前でやります」というのが日本メーカーのお家芸だ。共同ファブを望むのは小池と経産省だけになってしまった。

なぜ経産省は最初からトレセンティにASPLAの製造ラインを置かなかったのか。もし、NEC相模原ではなく、トレセンティに置かれていたら。国のちぐはぐな政策と、様子見やお付き合いで国家プロジェクトに参加する企業の姿勢が、共同ファブの可能性を消してしまったと思えて仕方がない。

二〇〇四年六月、ルネサスの会長がトレセンティを共同ファブにしない旨を明言したことで、小池の夢の城は砂の城のごとく崩れ始めた。それどころか、ルネサスは翌年三月、子会社だったトレセンティテクノロジーズを吸収合併し、自社の工場にしてしまった。小池はトレセンティの社長を解任され、ルネサスの技師長として呼び戻されることになった。

社長は二人もいらない

トレセンティテクノロジーズがルネサスに吸収され、小池が社長を解任されたことを知ったとき、筆者はその九か月前に見たニュースの映像を思い浮かべていた。二〇〇四年六月一七日、皇太子殿下（現在の天皇陛下）がトレセンティテクノロジーズを視察されたというニュースだ。

映像を見て、ちょっとまずいと思った。短いニュースなのに、どの映像を見ても小池が前面に立って皇太子を案内している。見覚えのある経営陣は、その様子を後ろで無表情に見守っている（ように見えた）。

小池さん、もうちょっとお偉方をたてないと……。

テレビを見ながら、そう声に出したのを覚えている。私には小池がルネサスのお偉方の存在を全く気にしていないように見えたのだ。「この工場のことはオレにしかわからない」という気を発しているようにすら見えた。実際にはこの訪問を企画した経産省から小池が責任をもって皇太子殿下を案内するように言われていたそうなのだが。

もしかしたらルネサスの経営陣が「これ以上小池の好き勝手にさせてたまるか」と、トレセンティをルネサスに吸収することを決断するひとつのきっかけになったのではないかと勘ぐってしまった。

実際に皇太子殿下は視察を終えてトレセンティを去る際に、小池の前で立ち止まって、「小池さん、きょうは本当にお世話になりました。ありがとうございました」と小池にだけ声をかけたそうだ。当然お偉方はそれも見ていた。

そして同じ六月、ルネサスの会長はトレセンティを共同ファブにはしない旨を明言している。

やはり社長は二人もいらないということだろうか。

サンディスクへ

小池は大手町にあったルネサスの本社で久しぶりに静かで退屈な時間を過ごしていた。何をしていたのかと尋ねると、「何もしていなかった」という答えが即座に返ってきた。

「自分を別の工場の工場長にしたところで何をしでかすかわからないので、何もさせないのが一番だと考えたのでしょう。人生で最もつらい時間でした」

小池はまだ五三歳だったが、辞職しようかと思い悩んでいた。その小池の元にアメリカから連絡が入った。フラッシュメモリーのメーカーであるサンディスクの創業者、エリ・ハラリCEOからだった。以前、ハラリがトレセンティを視察に来た際、小池が案内をしたことがあった。それ以来、小池はハラリから何度かサンディスクに来ないかというオファーを受けていた。もちろん丁重に断り続けてきたが、今回は小池がトレセンティを離れたことを知って連絡してきた。

ハラリはこう切り出した。

「四日市で東芝とフラッシュメモリーの共同生産をしているのだが、ぜひサンディスク側の責任者として東芝と渡り合って、生産を軌道に乗せてもらえないだろうか。そのための投資は惜しまないし、あなたの好きなようにしてもらっていいから」

サンディスクが四日市で東芝とフラッシュメモリーの前工程を共同で運営していることは知っていた。フラッシュメモリーのライバル企業同士が前工程では手を組んでいるというのは不思議なビジネスモデルだと思っていた。それが巨人サムスンに対抗するためであることも理解していた。

フラッシュメモリーとは、通電を切っても記憶された情報が消えずに保存される不揮発性メモリーだ。しかも、内容の書き換えも容易にできる。私たちの身の回りでいうと、USBメモリー、SDカード、SSDなどの携帯ストレージはすべてフラッシュメモリーが内蔵されている。

小池がトレセンティで手がけてきたロジック半導体とは流儀が異なり、いかに大量に安く作るかが勝負となる。ただし、歩留まりを上げて、作る時間を短くしていくという点ではそれまでやってきたことと同じだ。東芝との協業というのも面白いと感じた。小池は若いころ、半導体製造装置メーカーを相手に、東芝の年長の技術者と、どちらがよいアイデアを出すか、競い合ったこともある。ここでまた東芝というのも何かの縁だと思った。

長年世話になった日立には恩義があるが、自分はもはや日立の人間ではない。ルネサスでは自分が果たせる役割は、もはやない。二〇〇六年八月、小池はルネサステクノロジを辞し、サンディスクの日本法人社長ならびにアメリカ本社の上級副社長として、四日市で再び工場の現場に立つことになった。

初日、四日市のオフィスに行くと、三〇人のエンジニアが小池の歓迎パーティーの用意をしていた。小池が「社員全員に会いたいので集めてもらえますか」と話したところ、「これで全員です」という答えが返ってきて、いきなりずっこけた。

このときから十数年が過ぎ、会社の看板はサンディスクからウエスタンデジタルへ、協業の相手も東芝からキオクシアへと変わった。しかし小池は変わらず去年九月まで日本法人社長と上級副社長を任され、四日市でのフラッシュメモリーの生産を指揮してきた。三〇人だった社員も一〇〇〇人を超える大所帯になった。小池がアメリカの本社から引き出した日本への投資は二兆円を超えている。

この十数年にも小池の波瀾万丈のエピソードが詰まっているのだが、それは追って触れるとしよう。

そろそろラピダスの物語に戻らなければならない。

第四章

ラピダスの侍たち

——Mt・Fujiプロジェクト——

うまく国の支援を得られれば、ＩＢＭの最先端テクノロジーを武器に新たなファウンドリを立ち上げられるかもしれない。二〇年ほど前に霧散した夢の城が、今一度小池の前にうっすらと像を結び始めた。

しかし、小池の心持ちはトレセンティを創ったときとは少し違っていた。あのころは四〇代後半、己の生産技術者としての誇りをかけて全力で臨んだが、いま振り返ると「世の中にまだないことをオレがやってみせる」という、平たくいえば、「オレがオレが」の気持ちが強かった。今回のプロジェクトは技術者としての自己実現を遥かに超えた、「ニッポン半導体を再生し、世界に貢献できるだけの産業力を日本に取り戻す」という使命感と現状への危機感が小池を突き動かしていた。

現実の問題として、新会社を作るとなれば、その中核となるメンバーをそろえなければならない。小池はフラッシュメモリーの生産には携わってきたが、ロジック半導体からは十数年離れている。東から相談を受けたあと、ＩＢＭの二ナノテクノロジーについてかなり独学したが、やはり最新のロジック半導体に詳しい人材が必要だ。

七人の侍

そもそも二ナノテクノロジーを日本に移植するという自分の構想に対して、それが可能なのかどうか、客観的な意見も欲しい。しかし、四〇ナノで進化が止まっている国内にそんな人材はいるのか。

もうひとつの大きな問題は、小池自身がウエスタンデジタルの上級副社長であり日本法人社長であるということだ。フラッシュメモリーを巡る韓国勢やアメリカのマイクロンとの戦いをどう制していくのか。パートナーでありライバルでもあるキオクシアとの関係をどううまく紡いでいくのか。責任ある重い仕事が日々山積みだ。

とにもかくにも、ともにプロジェクトを進めていく仲間を集めなければ話は始まらない。まず、技術を持っているのは当然のこととして、日本の半導体産業の現状を正しく捉えており、しかもその状況をなんとかしなければならないという志を持っていることが仲間の条件だ。さらに、年齢は四〇歳前後がいい。技術的に成熟の域にさしかかり、しかもまだ若さもあるとなれば四〇歳あたりがベストだ。

まるで黒澤明監督の映画『七人の侍』で、仲間となる浪人を集めていく勘兵衛になったような気分だ。

早速、日立時代から信頼する後輩に人選について相談してみたところ、ひとりの人物を推してきた。それは、小池もよく知る男だった。小池はすぐにその技術者にメールを打った。

「きょう電話で話せますか？」

二〇二〇年一二月二一日、世界中が新型コロナウイルス感染症に染まった歴史的な一年が終わろうというタイミングで、小池は動き始めた。

スーパークリーンルームの父・大見忠弘の遺志を継ぐ男

「きょう電話で話せますか？」

小池からの短いメールを受け取ったのは、東北大学未来科学技術共同研究センターの黒田理人准教授だった（現在は教授）。もちろんですと返信を打ったところ、その日の夜、携帯電話に小池から電話がかかってきた。小池は単刀直入に、こう切り出してきた。

「黒田さん、あなたは半導体、特に最先端のロジック半導体で、日本がもう一度世界に貢献できるようになるにはどうすればいいか、考えている？」

いきなりの質問だったので黒田は少し面食らったが、こう答えた。

「ロジック半導体はかなり厳しい状況ですが、半導体製造装置や半導体材料の分野では世界に貢献できると思いますし、私自身もその分野を研究しています」

すると小池は、

「いや、聞きたいのは、ロジック半導体そのものをやるためには、どうすればいいかということなんですよ」

小池はＩＢＭで開発された二ナノレベルの微細加工技術について、ＩＢＭから依頼があったことは伏せたまま、話し始めた。黒田は、さすがにいまからロジック半導体の最先端レベルに追いつくのは難しいのではないかと思っていたが、小池が語った「世界に貢献する」という言葉には惹かれた。

黒田と小池の接点は、二〇〇一年に黒田が東北大学工学部に入学してまもないころ。当時小池は、トレセンティテクノロジーズで実践した三〇〇ミリウエハーによる枚葉式一貫生産システムについて、黒田の師に当たる人物の指導のもと、博士論文をまとめていた。

その人物とは、大見忠弘。スーパークリーンルームを提唱し、現在の半導体工場のスタンダードを築いた超実践的な研究者だ。筆者が担当した経済番組にもスタジオゲストとしてご登場いただいたことがあるが、これからは国際的な水平分業が大切だという論調がスタジオを支配する中、大見教授だけが「日本国内にはまだまだポテンシャルのある企業が各分野にそろっているのだから、まずそれを最大限生かすことに取り組まないともったいないのではないか」と臆せず提言されたことが深く印象に残っている。

その大見教授は、黒田が入学した二〇〇一年がちょうど退官の年だった。東北大学では退官する教授は黒田のような新たに入学した一年生を対象に最終講義を行うことになっていた。黒田はその最終講義で大見教授の話を聞き、ぜひ師事したいと思った。なぜなら、他の退官予定の教授たちは、それまで自分が体系化してきた学問を振り返る内容だったが、大見教授だけは過去の話はほとんどせず、これからやろうとしていること、つまり未来についての話を熱く語ったからだ。

大見教授は退官後も東北大学未来科学技術共同研究センターにプロジェクト担当の教授として残り、自ら設けたスーパークリーンルームでさらに進んだ生産方式を追究することになっていた。黒田も大見の指導を受けながら、高性能トランジスタの研究に携わった。そして、小池も博士論文作成のために大見のもとに出入りしていた。

二〇一四年、黒田が准教授になった年には、学生たちを連れて、小池の案内で四日市のフラッシュメモリー工場を見学に訪れたり、二〇一六年からは東北大学の夏期集中講座で黒田がホスト役を務めて小池を講師に迎えるなど、長い付き合いが続いてきた。侍集めに乗り出した小池は、大見忠弘の遺志を継ぐ黒田を、第一の侍に選んだ。

一九八二年生まれの黒田理人は今年四一歳、去年教授になった。直接の師は大見教授の教え子である須川成利教授、ＣＭＯＳイメージセンサー研究の大家で、ラピダスの東が理

東北大学・黒田理人教授と恩師・大見忠弘氏の遺影

事長を務めるLSTC（技術研究組合最先端半導体技術センター）にプロセス・装置技術開発部門長として参加する。黒田は大見の孫弟子に当たり、大見から薫陶を受けた最後の世代となる。

須川とともにCMOSイメージセンサーの研究に従事してきた黒田は、現在、軟X線という低エネルギーで透過性の低いX線を感知する特殊なCMOSイメージセンサーや、半導体装置内のガス・液体の濃度分布を高精度・リアルタイムに可視化するセンシング技術などを開発している。

二〇二四年四月の運用開始を目指して東北大学青葉山キャンパスに建設中の次世代放射光施設ナノテラスをご存じだろうか。軟X線のビームを照射することで、物質の機能や性質をナノレベルで調べることができる、いわば超高性能な巨大顕微鏡だ。燃料電池や半導体に使われる新素材の開発や創薬、医療技術、省エネ、環境保全、食の安全などさまざまな分野への活用が期待されている。黒田が開発を進めている軟X線を感知するイメージセンサーは、そのキーパーツとなる。

黒田が技術者を志したのは小学三年生のとき、友人の父親からの問いかけがきっかけだったという。友人の父親はカナダから食肉を輸入する仕事に携わっており、友人の家には在日本カナダ大使館の職員が頻繁に出入りしていた。ある日、友人宅で遊んでいるとその父親がやってきて、息子の同級生たちを相手にこんなことを語り始めた。

「君たちは日本がどれだけの借金を抱えているか、知っているか。君たちの世代の責任ではないが、その借金を返して、日本をよりよくしていけるかどうかは君たちの世代にかかっている。君たちにそういう役割を担う覚悟はあるのか」

よくもまあ、自宅に遊びに来ている小学生の子どもたちを捕まえて、そんな問いをぶつけたものだと思うのだが、みんなぽかんと話を聞く中で、黒田にはこの父親の話が響いたようだ。その友人の父親は、日本のしくみを変えるために政治家や官僚を志すよう説いたそうだが、黒田は技術者になって産業を興すことでより直接的に貢献したいと心に決めた。そして、地元の厚木高校から実学尊重の東北大学工学部電子・応物・情報系を受験して合格、東北大学一筋で現在に至っている。

小池の「最先端のロジック半導体で、日本がもう一度世界に貢献できるようになるにはどうすればいいか」という問いは、友人の父親の言葉と同じく、黒田の心に響いた。

スマホの向こうから伝わる黒田の反応に手応えを感じた小池は、黒田にこんな相談を持ちかけた。

「これからこの問いに対する答えを探していく同志を集めたいと思っています。そこで黒田さんがこの人ならと思う人に声をかけてもらえないでしょうか」

小池は黒田ならきっと良い人選をしてくれると信じた。そして、その選ばれた人が次の人選をするという具合に、信頼の糸をたぐっていくことで同志の輪を広げていこうという作戦だった。

小池が一体何を目論んでいるのか、このときは詳細について一切話は出なかったので黒田には皆目見当が付かなかった。それでも、あの小池のことだ、きっと何か大きなプロジェクトを構想しているに違いないと思った。黒田は小池がＩＢＭの技術について口にしていたことから、ひとりうってつけの技術者を思い浮かべていた。その技術者は、かつてＩＢＭの研究員だった男だ。

IBMで一四ナノに挑んだ男～日本の技術はどこでつまずいたのか

小池と電話で話した翌日、黒田は「第二の侍」となる技術者に電話をかけた。東京大学d．lab／生産技術研究所の小林正治准教授だ。小林は黒田の一歳上の同世代ということもあり、国際会議などで親しく交流する若手の同志という間柄だった。小池との話を小林に伝えたところ、小池とは面識がなかったこともあり、一体何の話なのだろうかと少しいぶかる様子を見せた。黒田は、もしかしたら国家プロジェクトのようなものを立ち上げようとしているのかもしれないと付け加えた。ともあれ、信頼する黒田からの話ということもあり、小林は二つ返事で謎のプロジェクトへの参加を承諾した。

一九八一年生まれの小林正治は、半導体に関する研究では数々の受賞歴を持つ若手のエースとされてきた技術者である。

東京の小石川高校から東京大学に入学、工学部では電子情報工学でソフトウェアを中心に勉強していたが、デバイス物理への関心が高まり、修士課程で初めてシリコントランジスタの研究に従事した。このときの指導教官だった平本俊郎教授はLSTCでデバイス技術開発部門長としてGAA以降の最先端トランジスタ技術の開発を指揮することになる。

修士課程に進むと国際学会に参加する機会が増えた。そこではＴＳＭＣがまだ小さく見えるほどインテルやＩＢＭといったアメリカの企業が圧倒的に輝いていた。また、日本から参加した技術者たちが英語のコミュニケーションやプレゼンテーションに苦労している姿が印象に残った。やはり一度アメリカに修行に出てみようかと思い、スタンフォード大学の博士課程へと進んだ。そこでゲルマニウムトランジスタの研究に携わったあと、リーマンショック後の二〇一〇年、ＩＢＭのワトソン研究所に就職した。

東京大学・小林正治准教授

ワトソン研究所では、時代の潮流にかかわらず本質的に重要な研究には腰を据えて取り組む文化があり、そういう技術が後々花開いていくのを小林は目撃した。また一九七四年にデナード則（電界効果トランジスタを小さくすると高速かつ低消費電力になるという法則）を提唱したロバート・デナードなど半導体のレジェンド研究者が在籍しており、小林はそうしたレジェンドとのフランクな交流からも多くのことを学んでいった。

小林にとってＩＢＭ時代の最大のチャレンジは、当時最先端だった一四ナノメートルレベルの微細加工技術を使ったプロセッサの開発だった。ＩＢＭ各部署から精鋭が集められ、小林もプロジェクトの立ち上げから参加した。

完成したプロセッサは、のちにサミット（Ｓｕｍｍｉｔ）と名付けられた当時世界最高性能のメインフレーム（スーパーコンピュータ）に搭載された。サミットは、宇宙の起源を探るための超新星への理解、がん研究の進展、新素材の開発といった研究に貢献することを目指したコンピュータだが、新型コロナウイルス感染症の治療薬に必要な化合物の発見を支援する役割も担った。

注目すべきは、小林が日本国内では実現されていない一四ナノメートルレベルのロジック半導体の開発に最前線で携わったという事実だ。小池が構想するプロジェクトにとって、喉から手が出るほど欲しい人材だった。

小林を取材する中で、日本のロジック半導体の技術的な進化がどこで止まってしまったのか、はっきりと見えてきた。小林がスタンフォード大学にいた二〇〇六年から二〇一〇年の間にそれは始まっていたという。ひとつのターニングポイントとなったのは、Ｈｉｇｈ－ｋメタルゲート（以下、ハイｋメタルゲート）という技術だった。少しテクニカルな話になるが、できるだけ簡単に説明する。

ハイｋのｋとは誘電率を表す。第一章でトランジスタの進化について簡単に触れたが、トランジスタのゲートと呼ばれる部分の絶縁膜は誘電率が高いほうが電気の流れは良くなる。従来は絶縁膜に二酸化ケイ素が使われていたが、それを金属の酸化物に変えると二倍から五倍程度誘電率が上がる。これをハイｋ絶縁膜と呼ぶ。

さらに、ゲートの電極には多結晶シリコンなどが使われてきたが、多結晶シリコンとハイｋ絶縁膜の相性があまり良くないことから、ゲート電極を金属に変えようということになった。これをメタルゲートという。あわせてハイｋメタルゲートと呼ぶのだが、これを導入すると、同じ電圧で多くの電流が流れるようになるので、回路のスピードが上がり、リーク電流という電流の漏れも減らせることがわかった。

日本のメーカーが、この技術の量産への導入に踏み切らなかったことが、その先の技術的な進化が止まったひとつの要因というのが、小林の指摘だ。折しも二〇〇八年九月にはリーマンショックが発生、投資マインドが冷え込んだ時期でもあった。

「日本でも技術に着手しようという企業はあったようですが、最終的にハイｋメタルゲートを導入する意思決定ができなかったのだと思います。日本の半導体メーカーは総合電機メーカーの一部門であるのに対し、インテルやＴＳＭＣのような半導体を専業でやっているメーカーは、新たな技術課題をクリアしなければ企業としての生死にかかわるので、当然、挑戦するわけです。こういう判断は、専業メーカーじゃないと難しいのかもしれません」

そして、このハイkメタルゲートは、トランジスタがプレーナー型からフィン型に展開する際にも欠かすことができない技術だという。つまり、ハイkメタルゲートをクリアできなかった日本のロジック半導体は、その手前のレベルでずっと足を止めたままになってしまったということだ。

二〇一四年、小林は四年半働いたＩＢＭを辞め、東京大学生産技術研究所に准教授として迎えられることになった。きっかけは第二章でも述べたが、ＩＢＭが半導体の製造部門をリストラし、プロセッサの製造から手を引こうとしていた時期だったことだ。

一貫してロジック半導体の研究・開発に携わってきた小林だが、もはや日本のロジック半導体は、アジアでもＴＳＭＣ、サムスンの後塵を拝し、「焼け野原状態」になっていた。日本の半導体メーカーに入るという道筋はなかったが、大学の研究者としてであれば半導体分野に貢献できるのではないかと期待して戻ってきた。しかし、ロジック半導体の研究提案を出しても研究費がとれないという厳しい現実が待っていた。

なぜなら、研究費を投入してもロジック半導体の技術を活用する企業が日本にはないからだ。日本の企業が利用しない技術に研究費を出しても見返りがない。だから、ロジック半導体の研究にはお金が出ない、という論理だそうだ。

そこで小林はロジック半導体と集積化する技術としてメモリーに研究の軸足を移すことにした。メモリーなら、東芝（現在のキオクシア）があったし、そのパートナーのサンディスク（現材のウエスタンデジタル）とともに四日市でフラッシュメモリーを生産している。エルピーダはマイクロンに買われてしまったが、広島のＤＲＡＭ工場は健在である。

現在小林は、ＩＣカードなどに使われる極めて消費電力の少ない強誘電体メモリーの高集積化、液晶や有機ＥＬのドライバートランジスタとして使われているＩＧＺＯ（イグゾー）のメモリーへの利用など、メモリーの可能性を開拓する研究に取り組んでいる。

そこに降って湧いたのが「日本のロジック半導体復活」という夢物語のようなプロジェクトだった。

Ｍｔ.Ｆｕｊｉプロジェクト

暮れも押し詰まった二〇二〇年一二月二六日、小池は黒田、小林と三人でウェブ会議を開いた。小池はそこで初めてＩＢＭからの依頼について明らかにし、それに答えるためのファウンドリを創るという構想を二人に話した。そして、そのファウンドリは、日本のためだけではなく、グローバルな顧客を相手に、世界に貢献できるファウンドリにしたいという思いを語った。

小池のことをよく知る黒田は、まだ現実味はなかったものの、小池ならやるのではないか、より正しく言えば小池にしかできないプロジェクトだと思った。小林は、ＩＢＭのナノシート技術については情報を持っていたので、うまくいけば最先端のロジック半導体に再び関わることができるかもしれないと少し胸を躍らせた。小池は二人に、この人ならと思うメンバーに引き続き声をかけて欲しいと頼んだ。そして、このプロジェクトについて秘密を守ることができる技術者であることを条件に付け加えた。

年が明けた二〇二一年一月一三日、小池、黒田、小林に二名を加えた計五名で本格的に会が立ち上がった。小池はこの会を「Ｍｔ・Ｆｕｊｉプロジェクト」と名付けた。高い頂に登ろうという意志がこめられた、実に小池らしい命名だ。毎週水曜日、仕事を終えたあとの夜八時からリモートで行われることになった。そして翌週の第二回会合には八名が参加した。

ところが、新たに参加したメンバーから小池の構想に否定的な意見が持ち上がった。特に強く否定したのは、半導体製造装置メーカーから参加していた技術者だった。その技術者はＴＳＭＣやサムスンの最先端工場に半導体製造装置を納入しており、そのレベルの高さを熟知していた。いくらＩＢＭから開発レベルの技術を供与されようが、いまからＴＳＭＣやサムスンに追いつくのは到底無理だと言い切った。そして、その技術者はＭｔ・Ｆｕｊｉプロジェクトから姿を消した。

第二回の会合でもうひとり否定的な意見をはっきりと述べた技術者がいた。小池がその技術者に「二ナノをやることについてどう思っている？」と尋ねたところ、すかさず「いや、無理だと思います」と答えた。続けて、「いくらＩＢＭから技術をもらってきたからといって、日本で生産ラインを立ち上げるのはハードルの高さが尋常ではないし、普通に考えたら無理だと思います」とダメを押した。

小池は「そうか、そういう反応になるよな」と返したが、無理だという言葉は小池をより一層やる気にさせる呪文である。その呪文を唱えた技術者こそが「第三の侍」となる富田一行だった。

ソニーから来た男

富田はソニーの厚木テクノロジーセンターでイメージセンサーの開発に携わってきた。イメージセンサーは、映像をキャッチする受光部とそのアナログ信号をデジタル信号に変換して処理するプロセッサ部を貼り合わせた構造だが、富田は主にプロセッサ部分の開発を担当してきた。Ｍｔ・Ｆｕｊｉプロジェクトには東大の小林の誘いで参加した。

富田は黒田や小林と同世代の一九八〇年生まれ。岐阜県の出身で、多治見北高校から京都大学工学部へと進み、物理工学を専攻したが、本人曰く、大学時代は遊びほうけていたそうで卒業に五年かかった。

富田一行氏

さすがにこのままでは人生が危うくなると感じ、心機一転、東京大学の大学院に進むことにした。当時、東大大学院工学系研究科のマテリアル工学専攻では、東芝のロジック半導体の開発で名をはせた鳥海明が教授を務めていた。富田は鳥海のもとで、あのハイｋメタルゲートを研究した。

当時ハイｋメタルゲートは次世代技術として使えるのかどうか、各社手探りの状態だった。二〇〇八年九月にはリーマンショックもあり、結局日本の半導体メーカーが前に進まなかったことはすでに述べた。富田はリーマンショックの三か月前、日本で半導体の仕事に就いても先行きが見えなかったこともあり、ベルギーのｉｍｅｃ（アイメック）に就職した。

ｉｍｅｃ（Interuniversity Microelectronics Centre）は、超微細電子工学と情報技術分野で世界の先端レベルの研究を進めている非営利の団体である。世界で唯一、二ナノの微細加工に必要なＥＵＶ（極端紫外線）露光装置の技術を持つオランダの半導体製造装置メーカー・ＡＳＭＬと共同でＥＵＶ研究所を設立しており、二ナノテクノロジーの実用化を目指すラピダスにとってＩＢＭとともに欠かすことのできないパートナーとなる。

ｉｍｅｃに就職して四年半が過ぎたころ、ソニーから派遣されていた研究員に、ソニーで働かないかと誘われた。誘いに応じてソニーに移籍した富田だったが、そのままソニーから派遣された研究員として、さらに三年半ｉｍｅｃで働いた。

富田はここで先端ロジック半導体に必要な三ナノレベルのフィン型トランジスタの開発や、二ナノに必要なナノシートの技術開発にも触れた。日本国内にいては得られなかったその貴重な経験もあって、勉強会なら少しぐらいは話もできるかとＭｔ・Ｆｕｊｉプロジェクトに参加したところ、「二ナノレベルの微細加工技術を持つファウンドリを日本に創る」というような話になっていることに驚き、先の発言となった。

富田にはもうひとつ懸念があった。ＴＳＭＣの存在だ。その徹底した顧客第一主義に基づくサービス力に対抗できるのかという疑問だ。

例えば、アメリカのある大手半導体メーカーなどもファウンドリ事業を行っているが、自分たちのために開発した技術をベースにしているため、細かい仕様を依頼しても「我が社には、これとこれしかできません」というような制約があって、ファウンドリとしてはとにかく使いにくい一面があるという。

それに対し、ＴＳＭＣは顧客の要望をいかにして実現するかという姿勢が徹底している。富田はＴＳＭＣと直接やりとりした経験があるが、ＴＳＭＣは最先端の技術を持っており、世界の先端半導体製造の七割を請け負っているので規模の経済も効いてコストも低い。このＴＳＭＣと渡り合えるファウンドリを作ることが可能だとは到底思えなかった。

ところが、毎週水曜日のリモート会議に顔を出しているうちに、富田の気持ちが動き始めた。富田曰く、「小池さんの前向きな姿勢にあてられた」とのことだが、もしかしたらやれるかもしれないと感じるようになっていった。会のメンバーは概ね七人から九人、けっこう入れ替わりもあったそうで、「来週はちょっと都合が」と告げたまま参加しなくなったメンバーもいたという。しかし、逆に言えば、黒田、小林をはじめ、本気で取り組もうというメンバーだけが残っていったということだ。気がつけば、富田自身もそこにいた。このときはまだ自分がラピダスからＩＢＭに派遣されるチームのリーダーを任されることになるとは、思ってもみなかったが。

小池塾

会の前半は、二ナノテクノロジーに対する理解を深めるために、各メンバーが前回から一週間で調べてきた情報を披露し合った。そして後半は、トレセンティへの挑戦と挫折など、小池が積んできたさまざまな経験が語られた。

例えば、最初三〇人だったサンディスクの社員を、一〇〇〇人を超えるまでに増やしてきたというエピソード。日本の半導体メーカーが事業を縮小する中で、はじき出されていった技術者たちを集結させていった。

二〇一四年三月に発覚したフラッシュメモリー研究データの機密漏洩事件。サンディスクの元社員が、東芝が管理する研究データを韓国のＳＫハイニックスに不正に提供した。東芝が民事でＳＫハイニックスと早々に和解する中、小池は日本のものづくりの信用に関わる問題だとして自ら裁判所で証言台に立ち、徹底して審議を深めてほしいと訴えた。

翌二〇一五年五月には、パートナーである東芝の不正会計が発覚した。経営危機に陥った東芝は、半導体部門を分社化して売却を検討、その騒動に小池も巻き込まれた。

同年一〇月には、サンディスクがウエスタンデジタルに買収され、エグゼクティブの顔ぶれが一新されたが、生産を統括してきた小池はその実力を買われ留任となった。民族・国籍・年齢・性別に関係なく実力のある者が評価されるアメリカ企業の強さをあらためて肌で感じた。

他にも、いまだ現役でプレーするアメリカンフットボールをはじめ、鈴鹿サーキットで毎月時速二五〇キロを超えるスピードでバイクを転がしている話や、地元消防団での活動など、小池の驚くほど多彩なプライベートも話題となった。この人となら実現できるかもしれない。そんな機運がメンバーの間に醸成されていった。

新たに創るファウンドリのあるべき姿についても早い段階から議論が交わされた。「新産業の創出を目指し、顧客の製品の開発段階から関わる」「人材を育成する」「真のグリーンを実現する」という三本柱も早々に決まった。さらに、TSMCとの差別化を図るため、最先端から三世代までの技術しか扱わないという方針も同意を得た。そして工場にはトレセンティ同様、オール枚葉式の生産方式を導入する。

二ナノテクノロジーへの理解と新会社の構想が深まる中、小池は東とともに勝負に打って出た。新会社の構想を国に認めてもらい、支援を取り付けることだ。

第五章

ラピダス、始動へ

二兎を追う者は

「二兎を追う者は一兎も得ず、と言いますけどね」

二〇二一年三月九日、小池と東は新ファウンドリ構想を携え、経済産業省の商務情報政策局情報産業課に課長を訪ねた。そのとき課長の口から出てきたのが、先のことわざだったと東は言う。

このころ経産省はＴＳＭＣの日本への誘致に動いていた。ＴＳＭＣが日本への工場進出を明らかにしたのがこの年の秋なので、ちょうど交渉が山場を迎えていたころだろうか。国は熊本に誘致する工場の建設のために、総投資額の半分ほどの最大四七六〇億円を補助金として拠出することを決めるのだが、この案件にかかり切りになっていた最中に、小池と東が新ファウンドリ構想なるものを持ち込んできたわけだ。

「二兎を追う者は一兎も得ず」という言葉に、そのときの課長の心中が表れている。小池の記憶によれば、課長は当初「ちょっと困った顔をしていた」という。もちろん小池たちの動きについてはすでに経産省には伝わってはいたが、いざ構想を携えてやってくると「本当にやるつもりなのか？」という驚きもあったのだろう。

小池はＴＳＭＣの誘致には大きな意味はあるものの、それだけで日本の半導体政策について経産省の仕事が終わったとは思って欲しくないと、常々話していた。それについては、筆者も同じ考えで、小池が筆者にラピダスの構想を初めて臭わせたのは、「ＴＳＭＣの誘致で盛り上がっていますが、小池さんはどう思いますか？」と尋ねたときのことだった。

台湾に世界で唯一無二の最先端半導体工場が存在するからこそ、有事の際に台湾を護ろうというモチベーションも生まれる。よってＴＳＭＣが最先端の工場を外に出すはずもない。しかもＴＳＭＣにとって優先順位は明らかに日本よりアメリカが上だ。事実、熊本の工場が一〇ナノ世代までなのに対し、アメリカでは三ナノ世代の工場まで建設が始まっている。

小池の構想もＩＢＭのテクノロジーあってのものではあるが、主体はあくまで日本側にあることが重要だと小池は考えている。トレセンティテクノロジーズのときも、ＵＭＣに出資はしてもらったが、主導権は渡さなかった。

ＴＳＭＣの誘致はそれとして、より最先端の技術を持つファウンドリを、アメリカとの連携の象徴として国内に実現する意義は大きいのではないか。そんな風に小池と東が新ファウンドリの構想について熱弁を振るっているうちに、課長の様子が変わってきたという。小池はウエスタンデジタルの重役として、この課長とは少なからぬ付き合いがあった。この課長はもともと半導体政策が専門ではなかったこともあり、相手の話にじっくり耳を傾けようという柔軟な姿勢を持っていた。そしてこの日も小池や東の話を傾聴しているうちに、なかなか面白そうだという反応を示し始めた。経産省にとっても、TSMCの誘致に続く二の矢のシナリオはいずれ必要になる。それに課長は経産省の過去の半導体政策がうまく機能しなかったということを認めていた。

「いいんじゃないでしょうか」

課長は小池のプランを前向きに検討すると約束した。その日の小池のメモには「経産省アグリーメント」（経産省から同意を取り付けた）と書かれている。

同志の輪を広げろ

翌日、小池は定例のMt・Fujiプロジェクトで、経済産業省から新ファウンドリ構想についての内諾を得た旨を伝えた。メンバーたちは大いに沸いたが、一方で不安の声も上がった。経産省が立ち上げた半導体に関するプロジェクトの多くが尻つぼみで終わってしまったことについてだ。役所の担当者は三年ほどで異動する。前任者が決めたことを後任が引き継がないで、場合によっては覆される恐れもある。

この点について小池はひとつのアイデアを温めていた。それは政治家に協力を求めることだ。政治家は選挙で落選しないかぎりは、政治を生涯の仕事にしたいと考えているはずだ。長いスパンでプロジェクトを進めて行くには、有力な政治家による後押しが欠かせない。それは経産省に対してグリップを効かせることにもなる。

小池は、かつてトレセンティがファウンドリとして独立できなかった原因の一つは、仲間作りをうまくできなかったことにあると総括していた。当時小池は根回しといった策を弄することがあまり好きではなく、実力があれば顧客から注文もとれるし、ことはうまく進むはずだと考えていた。

しかし、実力を示せば示すほど、親会社はトレセンティを手放さなくなり、一方、当初はトレセンティに共同ファブとして関心を示していた国内のメーカーも、枚葉処理による短納期での製造がコスト高になることに難色を示すようになり、思うような後押しを得られなくなった。もちろん当時小池には政治家にアプローチするなどという考えもルートもなかった。

今回のプロジェクトの成否を握るのは、同志の輪を広げていくことにある。小池はそう確信していた。レジェンドの東から始まりＭｔ・Ｆｕｊｉプロジェクトに集まった面々、経産省の官僚たち、そして最後に同志とすべきが有力政治家である。正直なところ、小池も政治家が苦手だったが、そんなことは言っていられない。

のちにラピダスの広報を担当することになる会社のツテで、小池は小林鷹之衆議院議員との面識があった。小林議員にこの案件について話を持ちかけたところ、相談すべき有力政治家として、いの一番に名前が挙がったのが、東と交流があった甘利明だった。

小池のメモによれば、小池と東が連れ立って甘利を議員会館に訪ねたのは二〇二一年五月二八日となっている。奇しくもその一週間前の五月二一日、自由民主党の半導体戦略推進議員連盟の初会合が開かれている。

この議員連盟は、高速データ処理、AI、ポスト5Gといった次世代産業につながるテクノロジーと国家の経済安全保障の要として、半導体産業を再構築する目的で結成された。参加する自民党議員約一〇〇人を束ねる会長が甘利だった。甘利はこの議員連盟の初会合で「日本にとって半導体は国家の命運をかける戦いになる」と述べている。

戦いに勝つには、そのためのシナリオが必要だ。初会合の一週間後に、小池たちが経産省のお墨付きとともに新ファウンドリの具体的な構想を携えて甘利のもとにやってきたわけだ。志は同じ、どちらにとっても渡りに船というところか。

甘利と東が同い年で誕生日が一日違いという話はすでに述べたが、実は年は違うが小池の誕生日も甘利と一日違いで、小池、甘利、東と並ぶことがわかった。こうした偶然は何か不思議な縁を感じさせるものである。

後日、議員会館の大会議室に小池と東があらためて招かれた。そこには、甘利をはじめとする半導体戦略推進議員連盟の主要議員たち、そして経済産業省の商務情報政策局長をはじめとする官僚たちが一堂に会していた。その面々を前に、小池は新ファウンドリの経営計画をプレゼンした。

この経営計画とはどのようなものなのか。小池に尋ねたところ、文章というよりも図表のようなものだというので、よくあるパワーポイントにまとめた簡単なレジュメかと思っていたのだが、実際に見せてもらって驚いた。二〇二二年から二〇三一年までの新ファウンドリのビジネスモデルが、具体的な数値とともに図表を使って詳細に描かれていた。

例えば、二〇三一年の売り上げ目標は一兆円以上、営業利益率二〇％以上、シェア一〇％以上、といった数字が具体的な根拠やロードマップとともに書き込まれていた。まさに小池お得意の「勝てるシナリオ」だ。そのすべてを会議でプレゼンしたわけではないのだろうが、経営計画書は何百ページにも及ぶという。それをウエスタンデジタルの重役という激務をこなしながら、まとめ上げた。

筆者は小池のことを世界屈指の半導体生産技術者というイメージで捉えていたが、その経営計画書を垣間見たとき、小池がトレセンティでもサンディスクでもウエスタンデジタルでも、ずっと経営者だったという事実に、大変失礼ながら、あらためて気づかされた思いだった。

新ファウンドリが本格的にビジネスを始める二〇二七年までに、資金はいくら必要なのか。小池がプレゼンで七兆円という試算を発表すると、会場がどよめいた。

この場のリーダーである甘利が口を開いた。

「やるしかないということなんだな」

議員たちは、甘利に向かって力強くうなずいた。

「経産省はどうなんだ」

甘利が促すと、局長から「はい、やりましょう」という答えが返ってきた。

ニナノテクノロジーの本丸へ

二〇二一年一一月二九日から一二月三日まで、小池はＭｔ・Ｆｕｊｉプロジェクトのメンバー五人とともに、アルバニー・ナノテックコンプレックスにあるＩＢＭの研究所を訪ねた。新ファウンドリ構想が国家プロジェクトとして後押しされることが決まり、いよいよ核心となる二ナノテクノロジーの本丸に乗り込むこととなった。東北大学の黒田と東京大学の小林は渡航チームに参加、ソニーの富田はＩＢＭとの会合のみ、日本からリモートで参加した。

ＩＢＭでは二人の大物が小池たちを出迎えた。ダリオ・ギル上級副社長とＴ・Ｃ・チェン副社長。ダリオ・ギルはＩＢＭの二〇〇〇人を超える研究者を束ねる技術分野の最高責任者で、量子コンピューティングの開発リーダーとして世界的に知られる人物だ。二人は小池たちの長旅の労をねぎらうと早速二ナノテクノロジーの開発現場へと案内した。

研究所には、ナノシートという技術を使った二ナノメートル世代のＧＡＡ型トランジスタ集積回路を作るプロセスが構築されていた。そこには日本ではまずお目にかかれないＥＵＶ露光装置がある。ＥＵＶ（extreme ultraviolet）とは極端紫外線のことで、一三・五ナノメートルという極めて短い波長で露光する装置である。世界でもオランダの半導体製造装置メーカーであるＡＳＭＬだけが製造しており、一台数百億円もする。二ナノ世代の微細加工には欠かせない装置だ。

開発用に組まれた製造プロセスを、本当に量産ラインに展開することができるのか、そのための課題は何かを現場で探ることが、この渡航の大きな目的だった。メンバーたちは連日研究所にカンヅメ状態で各技術分野のリーダーからテクノロジーの詳細についてレクチャーを受け、質疑応答を重ねた。そして五年という時間の中で、いかにして二ナノテクノロジーを日本の工場に移植するか、そのプランについても話し合われた。

メンバーのひとりである東北大学の黒田は、自分たちに対するＩＢＭの期待の大きさをひしひしと感じたと言う。ソフトウェアの時代と謳われる中で、ＩＢＭは半導体の量産技術を手放してしまったが、結局ビジネスの基幹になるのはハードウェアであり、ロジック半導体であることをあらためて痛感しているようだった。そこで必要とされたのが、アイデアを形にする力でかつて世界を席巻した日本の技術だった。

大見忠弘の孫弟子として、スーパークリーンルームで半導体生産技術を研究してきた黒田にとって、自分が取り組んできた技術の価値を再認識する経験となった。

ほんの数日の滞在だったが、メンバーたちにとって二ナノテクノロジーの実用化への手応えをつかむとともに、日本が進むべき技術の方向性について、あらためて深く考える機会となった。

アメリカのお墨付き

日本時間の二〇二二年五月四日未明、萩生田経済産業大臣（当時）はニューヨーク州アルバニーにあるＩＢＭの研究所を訪問した。日米両政府が協力して半導体の研究開発を推進するとともに、経済安全保障の観点から日米が連携して半導体政策を進めていく重要性について、ＩＢＭの関係者と確認した。

二ナノテクノロジーを開発したのが、このアルバニーの研究所であることは、もはや言うまでもない。この訪問は半年後のプロジェクト・ラピダスに向けてのアメリカ側との意思確認だったことは、今となれば明らかである。萩生田はこのあとレモンド商務長官とも会談している。

そして同月二三日、岸田首相と初来日したアメリカのバイデン大統領との日米首脳会談で、半導体のサプライチェーンや輸出管理を強化するなど、経済安全保障の連携を強めることが確認された。日米首脳共同声明には、「次世代半導体の開発を検討するための共同タスクフォースを設立することで一致した」と書かれている。

さらにその翌日、甘利会長率いる半導体戦略推進議員連盟は、半導体の製造基盤の強靭化のために「今後一〇年で官民合わせて一〇兆円規模の追加投資を行うべく、本年度補正予算をはじめ機動的に支援を拡充していき、本年の骨太の方針に盛り込む」ことを首相官邸に申し入れるという決議をまとめた。

これに先立ち、小池と東は岸田首相をはじめ、関係各所へのレクチャーに奔走していた。このころ小池は筆者に「半導体に関する政府の動きを報じるニュースについては細かい内容にまで注目しておくといいですよ」と話していたが、これらの動きのベースに小池たちの新ファウンドリ構想が関わっていたということだ。

この三か月前には、ロシアのウクライナへの侵攻が始まっている。先端技術を巡る中国との押し引きに、プーチンのロシアという大混乱要因が加わったことで、世界は分断の様相を一気にあらわにした。食料や鉱物資源のサプライチェーンに狂いが生じたことで、私たちも物価高に悩まされることになってしまった。

半導体産業を語る際に、必ず「経済安全保障」という言葉が付いてくる。もはやニッポン半導体の再生は、日本が産業力を取り戻すという一国の事情を超えた案件になっている。事実、小池たちの構想は、アメリカからの打診から始まり、アメリカによるお墨付きで一気に推進力を得ることになった。

思えば、奇跡と謳われた戦後日本の経済成長は、社会主義国家・ソビエト連邦の強大化と共産中国の誕生という歴史によって、本来蔣介石の国民党中国に向けられるはずだったアメリカからの経済的な支援を、日本が一身に受けることができた僥倖から得られたという側面を持つ。

そしていま、中国・ロシアという事実上の専制国家と民主主義を掲げる欧米諸国との溝が深まる中、日本は経済安全保障という強烈な追い風を受け、アメリカの技術をもとに日本の半導体産業を再生するというラストチャンスを手に入れた。

いまさらながら、日本はアメリカの世界戦略に大きく左右される国であるという事実をかみしめざるを得ない。それでも、日本が自陣への貢献にとどまらず、より広範な世界への貢献を構想し、果たすことができるのか。ラピダスのプロジェクトは、そのひとつの試金石となる。

赤い薬と青い薬

Ｍｔ・Ｆｕｊｉプロジェクトのメンバーたちは、多忙な日々を送っていた。大きく三つの仕事があった。ひとつは新会社設立の手続き、もうひとつはＩＢＭから技術移転を進めるための段取り、そして最後が国家プロジェクトとして補助金を獲得するための準備だ。

会社設立については東の小学生のころからの同級生が弁護士事務所を開いていたことから、そこに協力を求めた。新会社の社名は小池のアイデアで「すばやい」という意味を持つラテン語のＲａｐｉｄｕｓ（ラピダス）に決まっていた。ＩＢＭとのプロジェクトは、ソニーの富田が中心となって進めることになった。そして、補助金獲得のための手続きは、大学で研究費を申請する手続きに慣れている黒田と小林が主に担当した。

ラピダスが補助金を獲得するには、経済産業省が所管する新エネルギー・産業技術総合開発機構（NEDO）の「ポスト5G情報通信システム基盤強化研究開発事業」のうち、「研究開発項目②先端半導体製造技術の開発」に関する実施者の公募でラピダスのプロジェクトが採択されなければならない。そのための提案書を二〇二二年九月末までに提出する必要があった。

一方、小池にはやるべき大きな仕事があった。二〇二二年の夏を迎えるころには、関係者からの期待もあり、ラピダスの社長には小池が、会長には東が就任することが決まった。小池は言い出した者の責任として新会社の舵とりを引き受ける心づもりはしていたが、そのころはまだウエスタンデジタルのアメリカ本社上級副社長であり日本法人の社長を務める幹部である。しかも、ラピダス立ち上げに関する活動は、業務時間外や休暇を使って行っており、会社には一切秘密にしていた。ラピダスのプロジェクト自体が国策に関わる機密事項だったし、別の半導体会社を作るために動いていますとは、さすがにウエスタンデジタルには言えない。しかし、ラピダスの社長を引き受けるのなら、ウエスタンデジタルを辞さなければならない。

六月、小池はカリフォルニア州サンノゼのウエスタンデジタル本社にデービッド・ゲックラーCEOを訪ねた。さて、どのような言葉で自分の退職をCEOに納得してもらうか、往路の飛行機の中で思いを巡らせていたが、たまたま機中で見た映画がヒントを与えてくれた。

小池はゲックラーCEOに事の次第とともに、日本にロジック半導体の製造拠点を立ち上げたいという思いを伝えた。そしてそれはウエスタンデジタルにとってもメモリー製品に必要なコントローラーの供給源をTSMC以外に確保できるメリットがあることも訴えた。さらに、共に働いてきた社員たちを裏切ることもできないので、しばらくはウエスタンデジタルジャパンのアドバイザーを務めることも申し出た。

しかし、小池はウエスタンデジタルの生産部門を担ってきた存在である。ゲックラーCEOは当然のことながら、小池に会社に残るよう再考を求めた。そこで小池は機中で思いついた、自分の覚悟を伝える言葉を述べた。

映画『マトリックス』のこんな場面を覚えていますか。

これが最後のチャンスだ。先に進めば、もう戻ることはできない。

青い薬を飲めば、そこで話は終わり。君はベッドで目覚め、これまで通り生きればいい。赤い薬を飲めば、君は不思議の国にとどまる。私がウサギの穴の奥底を見せてあげよう。

私はすでに赤い薬を飲んだので、もう戻ることはできません。

小池は九月末日でウエスタンデジタルを退職することになった。

新たな技術と人材を生み出し続けるためのしくみ

製造拠点であるラピダスに対し、先端半導体技術を開発する拠点としてＬＳＴＣ（技術研究組合最先端半導体技術センター）が設けられたことは第一章で述べた。

黒田や小林の師匠筋に当たる熟練研究者を半導体の要素技術開発の責任者に迎え、理化学研究所や東北大学、筑波大学、東京大学、東京工業大学なども参加し、産官学一体となって本気で半導体関連産業の競争力強化を目指そうという組織だ。

この話が出てきたのは、東の記憶によればなんと八月から九月にかけてだったという。持続的に技術を供給するしくみの必要性について東と小池が経産省に話を持ちかけたところ、経産省は国立研究開発法人・産業技術総合研究所（産総研）にその役割を託してはどうかと提案してきた。東がＴＩＡ（つくばイノベーションアリーナ）の運営最高会議議長を務めていることもあっての提案だったのだろうが、東はむしろ産総研から半導体関係の研究者を分離して、先端半導体技術に特化した研究・開発の組織を作るべきだと常々考えていた。そして重要なのは、開発された技術を製品として昇華させるまでのしくみを作ることだ。

東はスタンフォード大学で聞いた話に深い感銘を受けたという。

スタンフォード大学の量子コンピューティングを研究している部門では、大学の若い研究者、製品開発に携わる産業界のエンジニア、そして半導体メーカーなどデバイス開発に携わっている技術者が定期的に研究集会を開き、どのような製品を生み出していくのかを検討しているという。製品のアイデアからフィードバックして、技術の開発を進めていくというスタイルだ。東はこのしくみを日本にも導入すべきだと確信した。その核となるのがＬＳＴＣである。

東はＬＳＴＣにもうひとつの役割を期待している。人材の育成だ。若い世代から中堅にかけての半導体技術者の層の薄さについては、すでに述べた。東はそれを自分たちの世代の失敗だと受け止めている。後に続く世代に、活躍できるような舞台を用意できなかったのは、自分たちの責任であると。

実はラピダスを立ち上げる際に、ある証券会社がお手伝いしたいと申し出てきた。そしてその証券会社がラピダスの最大のリスクとして挙げたのが、小池も東も七〇歳を超える高齢者であるということだった。それを聞いて、東はめずらしく頭にきたという。

たしかに東は狭心症の持病を抱え、ペースメーカーも入れている。健康に不安がないと言えば嘘になる。しかし、今回のプロジェクトは東や小池が長年かけて築き上げてきた内外との広く深いネットワークや信頼関係があってこそ実現したものである。そうしたネットワークや信頼関係を駆使して若い世代が活躍できる舞台を残しておくのが、年の功を重ねてきた高齢者の果たすべき役割だと東は言う。高齢者には、高齢者にしかできないことがあるということだ。

そんなことを話していると、経産省から「それなら、ＬＳＴＣの理事長は東さんにお願いします」となった。何かうまく利用されているような気もするが、と言いつつ、東は「最後のおつとめ」という覚悟でラピダスとＬＳＴＣのプロジェクトに臨みたいと語った。

出資をめぐる大手企業との交渉

七月末、ラピダスが本社を構えることになる麹町ダイヤモンドビルにMt・Fujiプロジェクトの面々が集まり、合宿を開くことになった。ラピダスの創立予定日は八月一〇日。週に一度のリモート会合ではらちが明かないということで、全員が集まって作業の追い込みにかかった。

補助金獲得のための提案書の作成に加え、Mt・Fujiのメンバーたちが会社にどのように関わっていくのかを決めなければならない。大学の教員である黒田と小林については、それぞれの大学の学長と面識のある小池が直談判し、ラピダス社員との兼務が認められた。富田は、年金や保険の問題もあり、ソニーからの出向という形となった。

資本金については、小池と東は経営株主として出資、Mt・Fujiのメンバーたちは創業個人株主として出資した。その金額は合計四六〇〇万円。

ここで、経済産業省からひとつの提案があった。ラピダスという無名の会社に七〇〇億円もの税金が投入されることになった場合、国民の理解を得ることが重要になる。そこで産業界から広く支持を集めている企業とするために、日本を代表する大手企業から出資を募ってはどうかというアイデアだった。

もともと小池は経営の自主性を保つために大企業からの大口の出資は受けない考えだった。巨額の補助金を出すことになる経産省に対してすら、経営は任せてほしいと釘を刺していた。しかし、国民が受ける印象は小池が最も懸念してきたことである。また同志の輪を広げることは、今回のプロジェクトの成否を決する鍵となる。そこで、経産省と一緒に出資を募る企業をリストアップした。

まず自動車産業からはトヨタとデンソー。半導体・IT関連は、ソニー、ルネサスエレクトロニクス、キオクシア、富士通。あとは通信系でNTTとソフトバンク。まずはこれらの企業に当たることになった。お願いする出資金は各社一〇億円。この金額なら協力してもらえるのではないかと考えた。

まず富士通は、ハードではなくソフトの会社を目指すことを理由に、申し訳ないと断ってきたが、ラピダスのビジネスが立ち上がったあかつきには全面的に支持したいと語った。小池の古巣であるルネサスエレクトロニクスも最終的に条件が合わず、今回の出資については見送りとなった。

小池の長年のパートナーだったキオクシアは、出資を快諾した。キオクシアもウエスタンデジタル同様、SSDなどを作る際にロジック半導体が必要になる。その供給源を確保することにメリットを感じてもらえたようだ。それにしても四日市の工場でのパートナーである小池が、新会社のトップとして訪れてきたのには、かなり驚いたようだ。

トヨタは将来的に二ナノテクノロジーが有用であると考え、出資を承諾。デンソーも出資に積極的だった。デンソーはまさに自動車の電気・電子関連の装置を扱う電装品メーカーだ。半導体のクオリティは自社の製品の性能と大きさを左右する。とりわけ電気自動車が主流になると、電装品の重要性はより高くなると予想される。

デンソーは熊本に建設されるＴＳＭＣとの合弁工場（ＪＡＳＭ）にも、約四〇〇億円の出資を決めている。当初はトヨタとデンソーを合わせて一〇〇億円の出資を募る予定だったが、トヨタ、デンソーともに一〇億円出資することになった。

ＴＳＭＣとの合弁工場に約五七〇億円の出資を決めているソニーも、ラピダスへの出資を快諾した。

予想外だったのは三菱ＵＦＪ銀行だった。ラピダスのメインバンクを決めなければならないということで三菱ＵＦＪ銀行にお願いに行ったところ、頭取、副頭取じきじきに「我が行も出資したい」という話になった。企業への出資については、全資本金の五％までというルールが銀行にはあるため、出資金額は三億円となった。

通信系のＮＴＴやソフトバンク、そしてＮＥＣも出資に同意し、大手企業八社からの出資金は七三億円。それに小池や東たちの出資を合わせて、資本金は七三億四六〇〇万円となった。

こう書くと出資金を巡る交渉はとんとん拍子に進んだように思われるが、実際には小池が出したある条件を巡って、難色を示す企業もあった。それは、出資しても経営は全面的に任せてほしいという条件だった。そしてもうひとつ重要なのは、ラピダスは出資企業の下請けではないという認識を共有してもらうことだった。

将来出資企業の製品開発に関わる際、対等な関係でなければ、「製品開発の段階から伴走する」「専用半導体を高く売る」というラピダスのビジネスモデルが成り立たなくなるからである。それにラピダスはスピードを売りにする会社だ。出資企業の合意を待って動いていては、ビジネスの機会を失いかねない。企業トップの了解を得ても、そのあと実際に手続きを進める段階でこのポリシーを理解してもらうための交渉に時間がかかった。八社からの出資がそろったのは、一一月一一日の直前だったという。

船出

記者発表を一週間後にひかえた一一月四日、立ち上げメンバーが麹町に集まり、ラピダスのキックオフミーティングが行われた。小池、東、Ｍｔ・Ｆｕｊｉのメンバー、管理部門のメンバーで一七名、そして会社の設立に尽力した弁護士事務所のメンバー七名が参加した。

最大二〇年の遅れを取り戻そうという前人未到のプロジェクトに、やりがいと生きがいを感じながら一緒に進んでいこう―会長の東はそう語った。そして、チームワークと仲間を尊重する精神の大切さを説いた。実は今回私が執筆するにあたり、東からは自分ひとりが東京エレクトロンを大きくしたような書き方はしないでほしいと強く要望されていた。そんな東らしいスピーチだ。

社長の小池は夢物語と思われていた構想をここまで一緒に運んでくれたメンバーたちに感謝の言葉を伝えた。しかし、富士登山でいえばまだ登山口に着いたばかり、これから高い頂を目指して登っていこうと、あらためてメンバーたちを鼓舞した。

小池は不思議な感覚にとらわれていた。目の前で自分を見つめているメンバーの半分以上が、二年前には見知らぬ人たちだ。それが今ひとつの志のもと、ひとつところに集まっている。彼らだけではない。小池が編んだ「ニッポン半導体再生のシナリオ」を受けとめ、そこに国家プロジェクトとして命を吹き込んでくれた官僚や政治家たち。二ナノテクノロジーを介してつながったＩＢＭの技術者たち。これらの出会いはすべて偶然なのだろうか。小池にはそうは思えなかった。

自分はやるとなれば何でもできるという信念で生きてきたが、そんな個人の思いを超えた何か運命的な力が働いているのではないだろうか。小池はそう信じたかった。

小池はメンバーたちに、家族の話を聞かせて欲しいと促した。おのおのが思い思いの話を語る中、黒田に順番が回った。

黒田は大学生のころ和太鼓のサークルで知り合ったニュージーランドの女性と学生結婚し、二男一女を授かった。ところがコロナ禍が世界を覆う直前の二〇二〇年一月に、愛妻が神経系の難病で倒れた。それから黒田は妻の看護、小学生の三人の子どもの世話、そして家事に至るまで一人でこなしてきた。

そんな中で、東北大学での研究・教育活動に加え、小池にMt・Fujiプロジェクトに誘われてからは、第一の侍として事務局のような役割も果たしてきた。コロナ禍をおしてIBMにも赴いた。補助金獲得に向けては提案書の作成に始まり、提出後は審査員からの膨大な質問に一つ一つ答え、ヒアリングにも対応するなど八面六臂の活躍を見せた。

家族の事情を考えると、明らかにオーバーワークだが、「日本に産業力を取り戻し、世界に貢献する」という壮大な目標が黒田を支えてきた。そして、これから本格的に始まるラピダスの物語を、妻と我が子らに話して聞かせるのが楽しみだと、笑顔で語った。

一一月八日、ラピダスの構想はNEDOの委託事業に採択され、七〇〇億円の補助金を得られることが決まった。

そして、一一月一一日を迎えた。

墓前にて

記者会見の翌日、小池から私の携帯に電話がかかってきた。

「片岡さん、いま私どこにいると思います」

明るいが、落ち着いた声だ。もしやと思った。

「いま娘のところに報告に来ているんです」

やはり次女の麻衣子さんのところだった。

小池麻衣子さん、行年一五歳。小学五年生のときに悪性リンパ腫を患い、その治療のために行った化学療法の後遺症で中学三年生のときに白血病を発症。母親から骨髄移植を受けたが、二〇〇七年九月一一日、短すぎる人生を終えて、旅立った。

私が麻衣子さんのことを知ったのは、その少し後だった。小池がトレセンティを舞台に私たちのカメラの前で世界一のものづくりに挑戦していたころ、麻衣子さんの悪性リンパ腫との戦いはすでに始まっていた。小池は家族に突然降りかかった不幸をおくびにも出さず、職業人としての自らの使命に邁進していた。おそらくそれは、小学生ながら過酷な治療に耐え抜き、病院内の小学校で中学受験の勉強に励んでいた麻衣子さんの姿に背中を押されてのことだったのだろう。

　麻衣子さんは大人になったら小児科医になって、自分のように病気で苦しんでいる子どもたちを助けたいと話していた。そして見事志望校に合格したが、自ら掲げた使命を果たせないまま、最後に「お父さん、ありがとうね」という小池への感謝の言葉を残して、先に逝ってしまった。

　私は常々、小池淳義という男の何事にも前向きに取り組む姿勢と、その時間の使い方に驚かされてきた。すでに述べたが、大学時代に出会ったアメリカンフットボールでは、いまだシニアチームの現役プレーヤーであり、社会人チーム・ハリケーンズの総監督であり、日本社会人アメリカンフットボール協会の会長まで務めている。鈴鹿サーキットではＢＭＷの大型バイクを二五〇キロのスピードで操り、地元では消防団にも参加している。

　トレセンティテクノロジーズの社長を務めながら、東北大学で博士号を取得。最近では、ウエスタンデジタルの社員たちに範を示そうと自らディープラーニングＧ検定を独学し、一回で合格。そして極めつきは、ウエスタンデジタルの上級副社長と日本法人社長を務めながら、毎週水曜日にＭｔ・Ｆｕｊｉプロジェクトを主催し、二〇年越しの構想である独立ファウンドリ・ラピダスを立ち上げてしまった。

　小池を知る人たちは、小池のことを鉄人、超人と呼ぶ。本人は、自分は欲張りで、いろんなことをやりたいだけと話しているが、きっとそれだけではない。小池は娘の麻衣子さんから人生の短さを教わった。麻衣子さんは使命を果たせないまま逝ってしまったが、自分はまだ生きている。生きている者は命を与えられているかぎり、その時間を大切に使わなければならない。そして自分は、麻衣子さんの分まで濃密な人生を生きると心に決めているのだろう。再び麻衣子さんと会えるときまで。

小池が麻衣子さんにどんな報告をしたのか、いつもの調子で聞こうかと思ったが、やめた。二人の対話に私などが割り込むべきではない。

しかし、想像はつく。小池は小池の使命を果たすことをあらためて麻衣子さんに誓ったのだろう。そして、これからも応援してくれと。

第六章

AIチップ

——おじさんベンチャーの挑戦——

AIチップとは

順調に進めば、ラピダスが量産をスタートするのは二〇二七年の予定だ。そのとき、一体どのような半導体を製造することになるのか。

ここからの二つの章では、ラピダスが量産に挑むであろう次世代半導体について、その開発の現場をルポする。この章で取り上げるのは、現在GAFAMからベンチャー企業まで、世界的な開発競争が繰り広げられているAIチップだ。二〇二一年には一〇五億五〇〇〇万米ドルだった市場規模は、二〇二六年には四九二億六〇〇〇万米ドルへと五倍近い規模に達するという予想もある（一ドル一三〇円計算で、およそ六兆四〇〇〇億円）。

AIチップについて語る前に、そもそもAIとは何かをごく簡単に説明したい。AI（Artificial Intelligence）とは、言わずと知れた人工知能である。AIは、単に命令に従って演算を行うだけの計算機ではなく、コンピュータに人間のように自ら学習するという特性を持たせる技術である。

機械学習やディープラーニング（深層学習）という言葉を耳にされたことはあるだろう。機械学習とは、コンピュータが大量のデータを学習して、そこから共通する特徴や規則性を見いだし（それを特徴量と呼ぶ）、その特徴や規則性に基づいて新たな現象を分析するという処理手順を組み込んだプログラムである。

機械学習では、コンピュータに大量のデータを学習させる際に、通常、教師データという判断の物差しとなる情報を与えるのだが、そうした教師データを与えなくても、コンピュータ自らが膨大なデータから自力で特徴や規則性を見いだすのがディープラーニングだ。例えば、コンピュータにピカソの絵の特徴を教師データとして与えなくても、ピカソの絵を大量に学習させるとコンピュータが自らその特徴を見いだし、ピカソ風の絵を描く。

ＡＩチップとは、こうした機械学習、ディープラーニングを高速で行えるよう設計された集積回路である。囲碁のトップ棋士を次々と破ったアルファＧｏというコンピュータ囲碁プログラムには、ＴＰＵというＡＩチップが使われていた。また、私たちに身近なところでは、グーグル検索、グーグル翻訳などにもサーバー側でＴＰＵが使われているという。

ＡＩには、ビッグデータを元に特徴や規則性を見いだしていく学習プロセスと、見いだされた特徴や規則性に従って新たな情報を分析していく推論プロセスがある。学習プロセスは膨大なデータを学習し、特徴や規則性の抽出を担うため、データセンターのサーバーで行われてきた。そして、そこで抽出された特徴や規則性に基づき、現場に設置されたセンサーなどから得られる新たな画像や音声などの情報を分析する推論プロセスをエッジのＡＩチップが担ってきた。

エッジとは「端」という意味を持つ言葉だが、要は現場に設置されたＡＩチップということだ。わかりやすくいうと、私たちが日々使っているスマートフォンはエッジで、例えば撮影した写真の自動修正などはスマートフォン側のＡＩでも行えるが、検索などの作業はサーバーにアクセスしてサーバーで行われた情報処理の結果がネットを通じてエッジであるスマートフォンに返ってくる。ゆえに、検索はネットにつながっていないとできないわけだ。

しかし、このデータセンターとエッジからなるＡＩのシステムにはいくつかの課題がある。一つは、増え続けるビッグデータだ。これらの膨大なデータはデータセンターの許容量を遥かに超えて増えていくと予測されている。

二つめが、これら膨大なデータを処理する際の電力の問題。サーバー側での大量の電力消費に加え、エッジ側とデータをやりとりする際にも電力が消費される。サーバーなどの半導体が電力を消費する際に放熱と二酸化炭素の排出という問題を伴うことは、ラピダスが「真のグリーン化」を経営理念に掲げた大きな理由になっている。

三つめが、リアルタイム性の問題だ。これからＡＩチップが確実に使われるのが自動運転車だが、路上を走る自動運転車が検知した現場の情報をいちいちデータセンターまで送って、そこではじき出された情報が自動車に返ってきて、その情報に基づき自動車の動きをエッジＡＩが制御するまでにタイムラグが発生する。

これでは、情報が届くころには事故が起きている、ということにもなりかねない。また、これからは工場でも現場の異常検知をＡＩが行い、その場で人手を介さずにＡＩが問題を解決するスマートファクトリーが進んでいくだろうが、ここでも情報処理のタイムラグは製品の品質に問題を起こしかねない。

そして四つめが、プライバシーの問題だ。エッジのセンサーが捉えた情報がすべてデータセンターに送られるのは、犯罪捜査などには役立つかもしれないが、私たち個人の生活が丸裸にされるようなものだ。

そこでこうした課題を克服しようと、エッジ側のＡＩチップで学習すべきデータをプライバシーにも配慮した形で絞り込み、しかもデータをサーバーに送って処理するのではなく、学習プロセスと推論プロセスをエッジ側ですべてやってしまおうというオールインワンのエッジＡＩチップの開発が進められている。

今回の執筆にあたり、筆者はこうしたオールインワンのエッジＡＩチップの開発に取り組んでいるベンチャー企業をぜひ取材したいと考えていた。というのも、ラピダスの小池が、工場ができたあかつきには、大手ファウンドリには相手にしてもらえないようなベンチャー企業のＬＳＩの試作と量産を支援したいと話していたからだ。

ベンチャー企業を取材するなら、プリファードネットワークスのような有名なＡＩベンチャーではなく、まだそれほど知られておらず、これから伸びていく会社のほうが面白い。先進のエッジＡＩチップの開発に取り組んでおり、しかもまだそれほど知られていないなどという都合の良いベンチャー企業などあるのかと思っていたら、渡りに船でそういうベンチャー企業が筆者の前に現れた。

二〇二三年二月、立川市にある東京創業ステーションTAMAで、東京都中小企業振興公社が主催するベンチャー企業向けのセミナーが終わった後のこと。セミナーでモデレーターを務めた私のもとに、一人の男性が名刺交換にやってきた。

辰馬正崇と書かれた名刺にはアーキテック（ＡｒｃｈｉＴｅｋ）という社名が記されている。おそらくアーキテクチャーとテクノロジーを混ぜ合わせた社名、もしやＡＩベンチャーではないかと尋ねたところ、なんと「ＡＩチップの開発を行うベンチャー企業です」というではないか。

見えざる手の導きかと詳しく話を聞いてみると、辰馬は日本のファブレスベンチャーの走りともいえるザインエレクトロニクスで上場準備を担当した人物だった。その経験を買われ、上場支援のためにアーキテックにスカウトされ、東京支店を任されている。そして、そのアーキテックはパナソニックを辞めた技術者たちが集結したベンチャー企業だという。これは取材するしかないと思い、休暇をとって大阪にあるアーキテックの本社を訪ねた。

おじさんAIベンチャー

大阪メトロ・四つ橋線の四ツ橋駅。子どものころ、この近くにあった大阪市立電気科学館とプラネタリウムによく遊びに来たものだ。「透明人間の部屋」という展示ができた際には、地元でもニュースになるような、技術の先端を実感できる貴重な場所だったが、私がＮＨＫに入った一九八九年に閉館となった。そんな思い出に浸りながら、三番出口から地上に出た。

グーグルマップによれば、ここから歩いて一分のところにアーキテックの本社があるというのだが、周りを見渡しても会社が入っているというビルが見当たらない。もしやと振り返ると、今出てきた出口のあるビルが目的地だった。アーキテックは、そのビルの二階のワンフロアを本社として借りている。

オフィスに入ると左手にあるガラス張りの会議室で経営陣らしき数名が会議を終えようとしているところだった。なぜ経営陣だとわかったのか。それは、全員が私と同じアラシックスティと思われる年配者だったからだ。

私はこれまで数々のＡＩベンチャーを取材してきたが、そのほとんどがアラサーから三〇代半ばの若い世代が経営陣で、たまに参謀役として年配者が一人か二人加わっているという印象だった。取材するたびに、その若さに希望を感じつつ、自分の世代はもう時代の主役の座から外れつつあるのかと少し寂しさも感じてきた。

それゆえに、経営陣がみんなアラシックスティというのは、逆にとても新鮮だ。おじさんＡＩベンチャー、そんな言葉が浮かんできた（同世代として、おじいさんベンチャーとは言いたくない）。

アーキテックの従業員は役員も含めて三〇名、うち二〇名がエンジニアだ。

社長とＣＴＯ（最高技術責任者）を務めるのが高田周一（写真中央）、私と同じ一九六四年生まれで今年五九歳になる。それでも、経営陣の中では一番若い。パナソニックで画像処理のＬＳＩを開発してきた高田が、二〇一一年、四七歳のときに単身創業した。

アーキテックが開発したのは、画像処理に強みを持つオールインワンのエッジＡＩチッ

左から、東氏、藤中氏、高田社長、古川氏、黒田氏

プ。それを搭載した、手のひらに収まるほどの試作機器を見せてもらった。次のページの上の写真を見ると、ボールペンと比べてその大きさがわかるだろう。左側にあるのが試作機器の内部の基板で、基板中央のやや右側にある一番大きなチップがＡＩチップだ。

ＡＩチップの大きさは、一二ミリ四方。将来的には、メモリーと電源チップ以外は、周りにある半導体の機能もＡＩチップに集約して、機器自体の小型化をいっそう進めるという。基板上部にあるカメラが捉えた画像情報をＡＩチップが下の写真のように瞬時に分析している。スマートフォンを構える私を人と認識すると同時に、ダイニングテーブル、カップ、テレビ、いすなども認識している。

この推論（判断）を、サーバーとやりとり

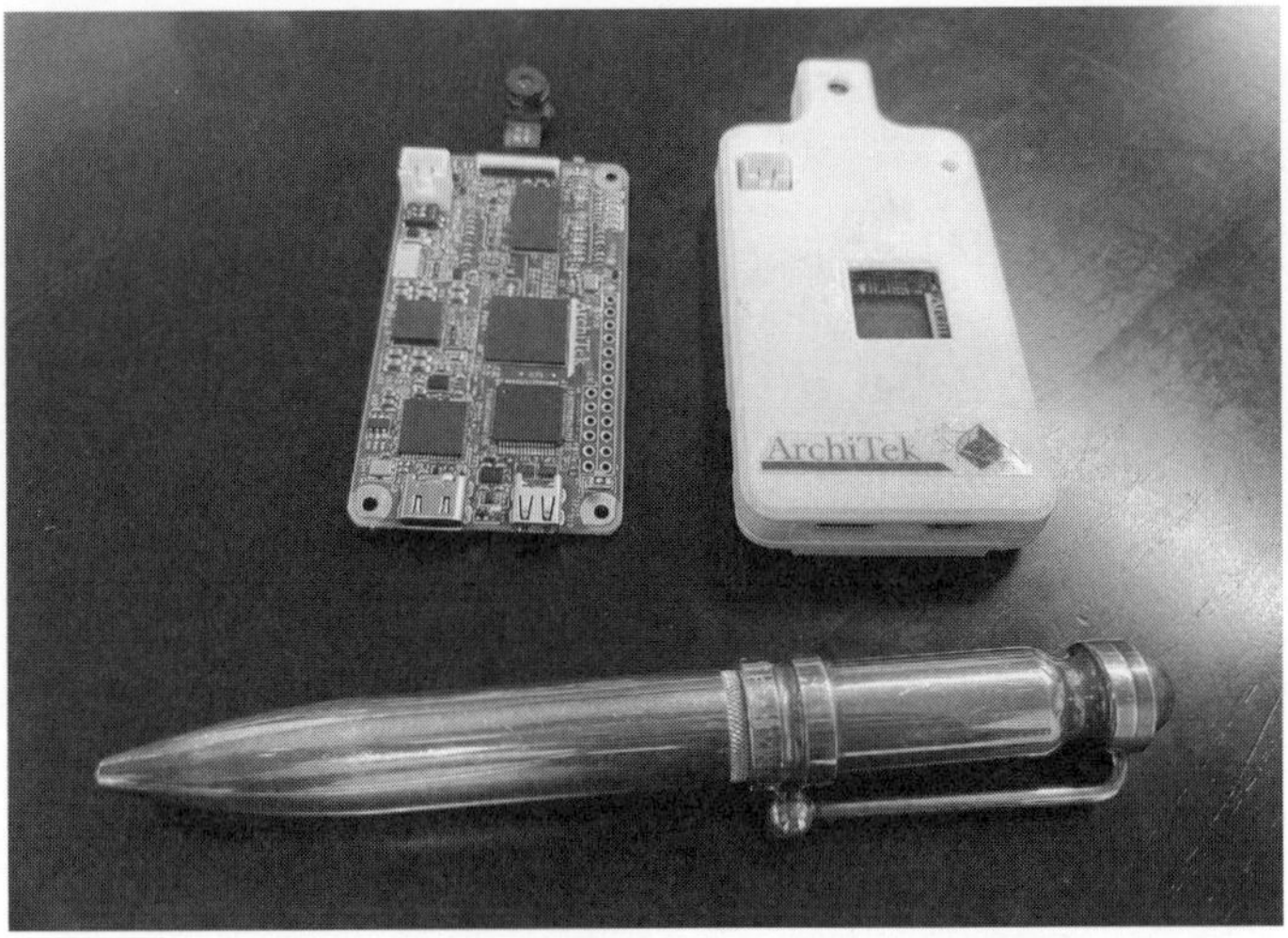

エッジAIチップを搭載した基板と試作機

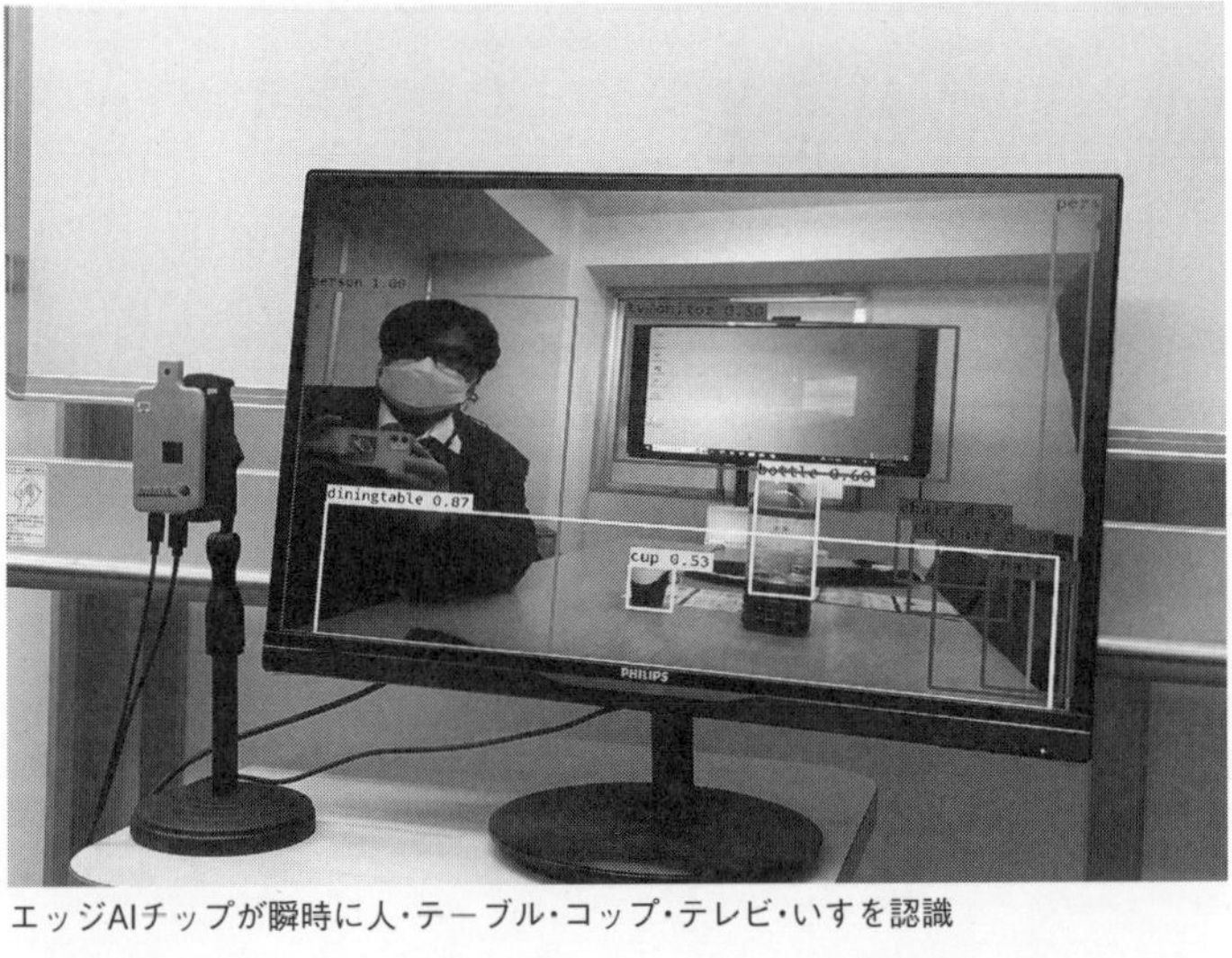

エッジAIチップが瞬時に人・テーブル・コップ・テレビ・いすを認識

せず、試作機の中のＡＩチップだけで行っている。そして学習された画像データも必要な情報だけがこしとられ、さらに圧縮されて、この試作機の中のメモリーに収まっている。

電力消費が極めて低いことも、このＡＩチップの特長だ。写真をご覧いただければわかるだろうが、冷却のためのファンがない。消費電力が一時間あたり二ワットと極めて低いので、熱がほとんど出ないからだ。ＡＩ用の半導体として標準的に使われてきたＧＰＵ（グラフィック・プロセッシング・ユニット）搭載基板に比べて電力効率は二四倍以上、またリアルタイムの処理性能を加味すると五〇倍の高効率を実現したという。

エッジ側の小さなＡＩチップだけで推論プロセスのみならず学習プロセスまで行えるのは、先にも述べたが、画像から必要な情報だけを「こしとる」機能をＡＩチップが備えているからだ。

例えば、介護現場の見守りに使われる場合、ＡＩが画像から人体の骨格ラインのみを抽出して「人」であることを認識する。生の画像をすべて記憶しないので、電力消費やメモリーの消費も抑えられるうえに、被写体のプライバシーも守られる。ここまでは画像分析に長けたディープラーニングが活躍するが、このＡＩチップにはもうひとつ別の再帰型のＡＩと呼ばれる技術も組み込まれている。それは動きの脈絡を時系列で連続的に予測するＡＩだ。これを組み合わせることで「人」の動きが何を意味するのかを瞬時に推論できる。

介護現場では、転倒しそうな動きをしているお年寄りをすぐに見つけることができる。スーパーマーケットなどの店舗にセットすれば、顧客の動線分析はもとより、万引きをしそうな動きも察知できる。また、電車の中であれば痴漢行為も検知できるし、駅のプラットホームに設置すれば、酔っ払って線路に落ちそうな危うい動きもすぐにわかる。

そうした行為を捉えたＡＩは、すぐに関係者にアラームで知らせたり、あるいは必要な生画像だけはこしとらずにサーバーに送って記録したりすることもできる。こうしたインフラとしての活用に加え、自動運転車への搭載も狙っている。

この会社のＡＩチップにはＡＩＯｎＩＣ（アイオニック）という商品名がつけられている。つまり、「集積回路の上にあるＡＩ」という意味だ。これすなわち、集積回路一つでＡＩの役割を果たすというエッジプロセッサとしての特長を表しているのだが、この命名にはもうひとつの意味がある。このＡＩチップが、ＡＩ機能だけを備えたチップではなく、他の機能も備えた集積回路の上にＡＩ機能もあるという、すなわちＡＩを核としたシステムＬＳＩであるという意味だ。

このＡＩチップには、異なる処理機能を持つ複数のエンジンやプロセッサがハードウェアユニットとして刻まれている。ある機能をＬＳＩで実現しようとする際には、ハードウェアとしてチップに必要な回路を刻むか、あるいはソフトウェアを使って同じ機能を実現するか、二つの方法がある。

ソフトウェアで実現すればチップの汎用性は高くなるが、処理速度はマイクロ秒単位（一〇〇万分の一秒）。それに対しハードで処理すると機能は限られるが、処理速度はナノ秒単位（一〇億分の一秒）と一〇〇〇倍アップし、しかも消費電力を抑えられる。このAIチップの大きさは、樹脂パッケージを取り除いたチップ実寸が五・二ミリ×六・二ミリというから、そこに一〇種をゆうに超えるエンジンやプロセッサが回路として刻まれていることにも驚きなのだが、さらに驚きなのは、これらのハードの組み合わせをソフトウェアで自由自在に変えることで、さまざまな機能を実現できるようにした点だ。

この発想は、高田や著者の世代にはあこがれのアイテムだった学研の電子ブロックがヒントになったという。電子部品が組み込まれた緑色透明なブロックの配置を換えることでラジオや通信機など、さまざまな機能を楽しめる知育玩具だ。一度シリコンウエハーに刻まれた回路は電子ブロックのように組み替えることはできないが、すべてのプロセッサとエンジンのインターフェースを統一することで、ソフトウェアを使って組み替えることができる特許技術を編み出した。しかも組み合わせをナノ秒単位で切り替えていくことで、いくつもの機能を同時に実現することができるという。

例えば、ひとつの、あるいは複数の映像に対して暗部補正、逆光補正、距離測定、霧の除去、異物検出、傷検出、人物検出、ゆがみ補正、エッジ抽出、電子ミラー、ラベリング、部分ぼかしなどの処理を同時に行い、処理済みの映像も同時に出力できる。ＡＩは同時にいくつもの情報を処理することに長けているので、処理の高速化にも大きく寄与している。入力をカメラからマイクや加速度センサーやソナーにすれば、画像以外の処理も可能だ。そして、インフラや自動運転車など、長期間にわたって使われる場面での使用を想定し、ＡＩチップをソフトウェアの入れ替えでアップデートできるようにしている。

アーキテックでは、ＡＩチップ内部のプロセッサやエンジンの数・種類をユーザーの希望に合わせてオーダーメイドするビジネスを構想している。インターフェースが統一されているので、そのあたりのユニットの仕様変更は容易に行えるという。

今年中にエッジＡＩチップ・ＡＩＯｎＩＣのエンジニアリングサンプルを作り、問題なければ来年には量産に入る予定だ。すでに大手通信メーカーからエッジＡＩチップのオーダーメイドの注文が入っているとのことだ。

アーキテックのＣＦＯ（最高財務責任者）を務める藤中達也（六二）は、ＡＩＯｎＩＣというエッジＡＩチップが世に出る意義を、次のように語っている。

「プロセッサやエンジンの部分を変えることで、基本構造には一切手を加えずにファミリーＡＩチップを自由自在に作ることができます。我が社では、この特許取得済みの基本構造を、エッジＡＩチップを作るプラットフォームとして広げていきたいと考えています。ＡＩチップを作る技術を持たない企業でも、我が社に依頼してもらえれば、その意向に合わせて短期間でオーダーメイドすることができます。もし、独自に搭載したい機能があるならば、そこだけ開発してもらえれば新しいユニットとして入れることもできます。いわばＡＩシステムＬＳＩのイージーオーダーというビジネスモデルですね。インテルはＣＰＵで、エヌビディアはＧＰＵでロジック半導体のデファクトスタンダードをつかみました。我々は、日本発のＡＩシステムＬＳＩのデファクトスタンダードを狙っています。そして、その製造をぜひラピダスさんにお願いできればと期待しています。日本で生まれたＡＩチップを日本国内のファブが製造して世界に送り届ける。私たちが構想するニッポン半導体復活のシナリオです」

ずいぶん話が大きくなったが、ソニーやホンダといった世界的な企業も、元をたどれば町工場でありベンチャー企業である。不可能を可能にするのはまず志であることは、ラピダスも同じだ。

ところで、アーキテックを単身で創業した高田周一とは、いかなる人物なのか。その歩みは、まさにバブル経済崩壊後の日本のものづくりの映し鏡だ。

インベーダーからコンピュータへ

筆者が中学生だった一九七〇年代の終わり、社会現象になるほど人気を呼んだアーケードゲームがあった。スペースインベーダーだ。私自身小遣いをゲームに消費するのは嫌な性分だったので一切はまらなかったが、同い年の高田ははまりまくったようだ。大阪の住吉区で生まれ育った高田は、インベーダーゲームをするために通天閣の二階にあったゲームコーナーに通い詰めていた。通常一回一〇〇円のゲームを五〇円で遊べたからだ。

とはいえ、中学生の限られた小遣いでは、すぐに軍資金も尽きてしまう。あるとき、通天閣に近い日本橋（にっぽんばし、と読む）の電気街でパソコンの存在を知った。パソコンがあれば、好き放題にゲームができると勘違いした高田は、小遣いやお年玉をつぎ込み、足りない分は「勉強にも使えるから」などと親をくどいてなんとかパソコンを手に入れた。ところが、パソコンにゲームが付いているはずもなく、別にゲームソフトを買わなければならないことがわかった。

仕方なく、パソコン雑誌の付録のゲームソフトで遊んでいたが、面白くない。ならば自分で面白いゲームを作ってやろうとプログラムを組んでできあがったのが３Ｄフライトシミュレーター。地元の公立高校に入ってから、試しにこのゲームをコンテストに出してみたところ、入賞した。賞金は五〇万円、入賞作品は商品化されて販売されるため、印税も入ってきた。

これは儲かると味をしめた高田は、長岡技術科学大学に入学した後、今度はビリヤードゲームを作った。これがまた売れた。二つのゲームの印税は総額三〇〇万円ほど、中古でカローラとバイク三台を買って、新潟での大学生活を謳歌した。ちなみに、大学、大学院での専攻は電気電子システム工学。音声のデジタル信号処理を研究した。

一九八九年、松下電器に就職した高田は、情報通信関西研究所に配属となり、奇しくも中学生のときゲームで取り組んだ3Dグラフィクスの技術を本格的に研究・開発することになった。

九〇年代初頭、高田は松下電器の全社新製品プロジェクトのメンバーに抜擢された。持ち運び可能なラップトップ型のパーソナルワークステーションP2100の開発だ。ワークステーションとは、パソコンよりも性能が高いプロフェッショナルユースのコンピュータのこと。世界で初めてフルカラーのTFT液晶ディスプレーをラップトップコンピュータのモニターとして搭載するのが売りだった。

高田は液晶ディスプレーの画質を左右する映像処理のLSI開発を担当した。一台三八五万円と高価だったこともあり、売れたのは三〇〇台ほどだった。しかし、その後のノートパソコンにもつながる開閉式で機能的なデザインが評価され、一九九二年のグッドデザイン賞に選ばれた。

さらに話題となったのは、このワークステーションがアメリカ航空宇宙局・NASAに売れたことだった。スペースシャトルの着陸時に、重力の関係から宇宙飛行士の認識や判断の能力が一時的に低下することがあるという。その際に着陸をサポートするフライトシミュレーターとして、持ち運びできて頑丈なP2100が選ばれ、八台納入した。現在パナソニックの人気ノートパソコンであるレッツノートの源流を感じさせるエピソードだ。

このプロジェクトのリーダーだった東幸哉（現在六五歳）と基板開発を担当した古川洋介（現在六〇歳）は、後に高田の誘いを受けアーキテックに合流することになる。高田にとってこの二人は心を許せる上司・先輩であると同時に、麻雀仲間だったそうだ。現在専務を務める古川は二〇一三年に、R&D本部長を務める東はパナソニックアドバンストテクノロジーの社長を経て非常勤顧問になった二〇二〇年からアーキテックに参加している。

ゲーム機から携帯電話へ

一九九四年は、プレイステーション、セガサターンなど高度なグラフィクスを売りにした次世代ゲーム機が登場した年だ。その先陣を切ったのは松下電器だった。3DOリアルという家庭用ゲーム機があったのをご存じだろうか。高田はこの新型ゲーム機でも、肝となる映像処理のLSI開発を担当していた。まさに高田本領発揮の3Dグラフィクスである。

NHKでも、私の同期のディレクターが3DOリアルの映像処理能力の高さとマルチメディア機器としての拡張性に注目し、「クローズアップ現代」で取り上げたほどだ。しかし、プレイステーションが開放的なソフト戦略で全世界一億台を超える出荷を記録する一方、3DOリアルは当初の五万四八〇〇円という高値の価格設定やキラータイトルの不足などから市場を得られず、一九九六年には日本国内でのソフト販売は終了し、姿を消していくことになる。

高田が後継ゲーム機のために開発していた3Dグラフィクスの技術は、一九九〇年代にブレークする人気商品へと舞台を移す。携帯電話だ。九〇年代の後半から、通話料金の引き下げもあり、国内で携帯電話が爆発的に普及していく。一九九三年三月末には三・二％だった携帯電話の普及率は、格安のＰＨＳの登場もあって、一〇年後の二〇〇三年三月末には九四・四％に達する。

この間にカメラ付き携帯電話、ｉモードのサービスなど、海外にはなかった画期的な技術が携帯電話に導入されていった。松下電器が打ち出したのは、グラフィクス性能だった。お蔵入りになった３ＤＯリアル後継機のための映像処理技術を携帯電話に移植した。二〇〇二年、松下電器が出した第二世代のＰ５０４ｉというモデルに高田の３Ｄグラフィクスの画像処理エンジンが搭載され、携帯ゲームが３Ｄ映像で楽しめると人気を呼んだ。高田自身、初めてのヒット商品ということもあり、一番思い出に残っているという。

しかし、二〇〇七年のｉＰｈｏｎｅの発売、二〇〇八年のＡｎｄｒｏｉｄ端末の発売以降、国内市場をほぼ独占していた日本メーカーの携帯電話はスマートフォンに押され、日本でしか普及していないガラパゴス携帯、いわゆるガラケーというレッテルを貼られて市場を失っていく。このスマートフォンが、携帯電話にとどまらず、デジタルカメラ、ビデオムービー、カーナビなど日本のドル箱商品の機能を吸収し、市場を奪っていったことはすでに述べた。

実は、松下電器はスマートフォンの原型となる製品を一九九七年に発売していた。ピノキオと名付けられたPHS内蔵のPDA（パーソナルデジタルアシスタント）だ。このピノキオの開発に携わったのが高田の同期の黒田剛毅（現在六〇歳）だった。ピノキオに使われる集積回路の開発を担当していた。

黒田は電話としても使えることをアピールするために大阪梅田の人通りの多い町中に出て、わざわざピノキオで電話をかけて道行く人々の注目を集めようとした。しかし、形が携帯電話とはかけ離れていたこともあり、売れ行きは伸びず、二機種発売されて、生産終了となった。その後、黒田はレッツノートの周辺技術開発に携わり、さらに社外とのオープンイノベーションを推進する部署へと異動になった。この黒田は、二〇一八年、パナソニックを早期退職して高田のアーキテックに合流。CMO（最高マーケティング責任者）を務めている。

松下流の合理的な集積回路設計術

携帯電話がガラケーなどと揶揄されてかつての勢いを失っていく中、高田の活躍の場はブルーレイ・DVDレコーダーのDIGA、プラズマ・液晶テレビのVIERAへと移った。変わらないのは画像処理のLSIを開発するということだ。半導体研究センターという部署にいた。

画像処理のＬＳＩを作り続ける中で、高田は松下電器のＬＳＩ開発の特長をはっきりと認識するようになった。それは、集積回路を合理的かつコンパクトにムダなくまとめ上げるノウハウだ。筆者には一度聞いただけでは理解しがたかったが、どうやらこういうことらしい。

画像処理の集積回路は、ＭＰＥＧとかグラフィクスとか、一つのチップが特定の機能を持ついくつかのパートに分かれている。しかし、それぞれのパートには、例えばＳＲＡＭというメモリーなど共通する回路が付属しいている。まずそれを切り離して共通回路として一つに統合する。このように共通する部分をどんどん統合したり、あるいは他のパートで補えるところは省いたりして小さく合理的にまとめていく。高田の言葉を借りれば「ぎちぎちに」作っていくのが松下流の集積回路の設計術だったそうだ。

集積回路を小さく合理的にまとめれば、それだけコストは下がるということもあって、松下電器ではかなり厳格にこのやり方を徹底していたらしい。

ところがこうして作ったＬＳＩがどういう目的に使われるのかというと、テレビ画面に映る青空をより青空らしく見せるとか、肌色をより肌に近い色で再現するとか、かなり狭い用途に限定して開発されていたそうだ。

以前、ソニーのテレビを取材した際、インド市場向けのテレビの色設定を、映像処理エンジンを使ってインド人好みの赤を強く出すように変えたところ売れ行きが伸びたという話があった。これはこれで日本のメーカーらしいこだわりの技術だと筆者は感心するのだが、こうした機能に対して消費者が二万円から三万円ほどのコストアップを受け入れるのかという高田の疑問に対しては、なるほどと首を縦に振らざるを得ない。コストダウンのためにとLSIを「ぎちぎちに」作っても、そのLSIそのものが大きなコストアップの要因になってしまうという皮肉な構図だ。

高田がテレビを手がけ始めた二〇〇八年ごろは、すでにフラットパネルディスプレイも価格競争の時代に入っていた。VIZIOというカリフォルニアのファブレス液晶テレビメーカーは、中国にあった台湾系のEMS（電子機器製造受託会社）に格安で液晶テレビを作らせて、アメリカ市場でシェアを伸ばしていた。その台湾系EMSの工場を取材したのだが、液晶テレビは極端に言うと、液晶パネルに電源基板とデジタル映像処理基板を貼り付ければ完成というほど、シンプルな構造になっていた。

つまり、日本のメーカーがこだわりのものづくりを行っていた液晶テレビにも、定番の部品を集めて組み立て、そこに定番のソフトウェアを走らせれば完成するというデジタル時代のパソコン型のものづくりが浸透していたということだ。

一方で、会社にはＬＳＩそのものを広く売って稼ごうという考えはそれほどなく、あくまで自社で開発した画像処理ＬＳＩは自社のテレビのためのものという垂直統合的な思考がまだまだ強かったと高田は言う。高田たちが開発した画像処理ＬＳＩを外販することになったときも、自社のテレビとの差別化を図るために、こだわりの機能を外して販売していたので、そう売れるはずもない。こうして、自社の完成品の売れ行きが下がるにつれ、半導体の売れ行きも引きずられるように下がっていった。

このころ日本では「ボリュームゾーンを狙え」というフレーズがメディアに踊っていた。台頭するアジア諸国の中間層に向けて、高級品ではなく、そこそこの性能で手ごろな価格の製品を売っていこうというスローガンだ。

しかし、一九九〇年代に韓国勢に圧倒されたＤＲＡＭ同様、日本のメーカーにとって「安く作る」ということは「手を抜く」というイメージにつながるからか、なかなかうまくいかず、日本の独壇場と期待されていた液晶テレビをはじめとするデジタル家電も、韓国や中国のメーカーに安さで圧倒されていく。こうなってくると、会社も自社の半導体へのこだわりを捨てざるを得なくなり、海外の安い半導体を採用する方向に大きく舵を切り始めた。

二〇一〇年、会社での先行きに希望を持てなくなった高田はパナソニック（二〇〇八年一〇月に松下電器から社名変更）を退社した。独身だったので、反対する家族もいなかった。その翌年、高田がいたＬＳＩ開発部門は本体と切り離され、富士通の子会社と統合されてソシオネクストという会社になる。二〇一三年一〇月には、会社がこだわり続けてきたプラズマテレビ関連製品からの事業撤退も決まった。

ヒントは「ぎちぎちに」作り込むノウハウにあり

パナソニックを辞めた高田は、大阪市経済戦略局の中小・ベンチャー企業支援拠点である大阪産業創造館で一年かけて起業のための準備を進め、二〇一一年九月にアーキテックを創業した。四七歳、ただ一人での起業だった。

当初は半導体のファブレスをやろうなどとは考えていなかった。ファブレスといえども、実際に半導体を作るとなればファウンドリへの支払いだけでも一〇億円単位の資金は必要になる。そんなお金はどこにもない。ラピダスの小池や東が国や政治家を巻き込んでいったゆえんもそこにある。とにかく半導体はお金がかかる。そこで高田は、パソコン一台あれば自分一人で自宅でもできる半導体の設計受託など、半導体メーカーのサポートをする仕事を始めようと考えた。

ところが、自分で設計を始めると、オリジナルの画像処理ＬＳＩを作ってみたいという思いが強くなってきた。

そこで頭に浮かんだのが、パナソニックで身につけた「ぎちぎちに」集積回路を作り込むノウハウだった。あの極めて合理的な設計ノウハウは高田がパナソニックにいた二〇年の間に身につけた財産だ。問題は、あの設計の技術が「青空をより青空らしく見せる」という狭い目的のためにしか使われなかったことにあった。あの「ぎちぎち」設計のノウハウを生かして、より用途の広い画像処理ＬＳＩを作ることができないだろうか。思案を重ねた末にひらめいたのが、電子ブロックだ。

電子ブロックの一つ一つのブロックが、独自の機能を持つエンジンやプロセッサだと考えると、パナソニックの「ぎちぎち」設計ノウハウを駆使すれば、小さなシリコンチップの上にいくつもの回路を刻めるはずだ。さらに、電子ブロックのようにブロックの組み替えでさまざまな機能を発揮できるようにするには、ブロックのインターフェースを統一して、ソフトウェアで組み替えられるようにすればよい。

高田は早速設計にとりかかった。この時点では、まだＡＩ機能の搭載は構想されておらず、マルチタスクの画像処理ＬＳＩを考えていた。そして、ＦＰＧＡというお試し用の書き換え可能な集積回路に論理設計を反映させたところ、うまく機能した。これはいけるかもしれない。手応えを感じた直後に高田に迫ってきたのは、この設計を実際にＬＳＩにするために必要な資金という現実だった。

高田は退職金を食いつぶしてなんとか暮らしていた。どんな暮らしだったのか尋ねると「飲まず食わず」などという答えが返ってきた。関西人独特のリアクションだとは思うが、実入りのある仕事はほとんどなく、独り身とはいえなかなか大変だったのは間違いない。

設計を形にはしたいが、先立つものがない。そもそもＬＳＩを作るには相当な金額の資金を調達しなければならないが、大手メーカーのサラリーマンで技術者一筋に生きてきた高田には、ファイナンスの知識も経験もあるはずがない。高田は途方に暮れていた。

そこに、思わぬ心強い助っ人が現れた。後にアーキテックのＣＦＯ（最高財務責任者）に就任する藤中達也だ。

エヌビディアに勝てますか

藤中がパナソニックに勤める友人から相談を持ちかけられたのは二〇一六年、設計に手応えを感じていた高田が、次に展開するための資金調達に頭を悩ませていたころだった。

相談の内容は「自分の後輩が半導体設計のベンチャー企業を立ち上げたのだが、資金調達に苦しんでいる。はたして資金調達の可能性はあるのか、一度見に来てもらえないか」ということだった。後輩とは高田のことである。

藤中は企業の再生や上場支援のコンサルタントをしていた。半導体のベンチャー企業とはめずらしい、それが話を聞いた最初の印象だった。

藤中は元興銀マン、日本興業銀行で働いていた。一九八四年に入行して外国為替部に二年、金融商品開発部に五年、一九九〇年代に入ると、総合資金部に異動となりデリバティブのトレーダーに二年携わった。金融工学の担当とあって、当時まだめずらしかったパソコンを支給され、日々使っていた。元々理系志望だったこともあり、プライベートでも部品を購入して、一からパソコンを自作するなど、コンピュータの世界にはかなり精通していた。

一九九三年、三二歳のとき、大阪の岸和田で合板の製造工場と建材問屋を営んでいた父親が病気で倒れたため、興銀を辞めて家業を継ぐことになったのだが、一九九八年スハルト大統領の失脚によってインドネシアの合板の輸出価格が下落、国産合板では価格的に太刀打ちできなくなった。

国内でも金融危機で「貸し渋り」「貸し剝がし」なる言葉が流行語になるほど新規融資を受けるのが困難になったこともあり、合板工場は廃業し、建材問屋は売却することを決意した。二年ほど会社の整理に携わった後、会計事務所を経営する友人の誘いで、ベンチャー企業の立ち上げ支援や企業再生をサポートするコンサルタントになった。興銀時代の金融人脈に加え、事業の承継、経営、廃業、売却という実務の経験があることも藤中の強みだった。

高田と会って、その経歴や開発中のLSIの詳細を聞いた藤中は、興味を引かれながらもひとつ不安を感じていた。このころ高田は画像処理LSIの核としてAI機能を搭載したいと考えていた。しかし、画像処理のLSIも、AI用のLSIも、当時アメリカのエヌビディアのGPUが圧倒的な強さを誇っていた。その牙城に小さなベンチャー企業が挑もうというのである。藤中はひとつの質問を高田にぶつけた。

「エヌビディアに勝てますか？」

高田からは即座に、

「勝てます」

という答えが返ってきた（高田本人は覚えていないという）。

これまで藤中はいくつかのベンチャー支援に携わってきたが、そのすべてが内需型のサービス事業で、海外にまで展開しようというようなケースはなかった。

こんなベンチャー企業には出会ったことがない。もしかすると巨人エヌビディアを向こうに回して戦えるかもしれない。面白いじゃあないか——。

藤中は、職業人としての人生の最後をかける仕事として、このプロジェクトをサポートしようと決断した。

半導体スタートアップの資金調達

藤中は早速金融関係の知人に、半導体のスタートアップが資金を集められる可能性について当たってみた。しかし、「それは難しい」「半導体とバイオテクノロジーのベンチャーは、金が集まらない」というのが大方の見方だった。藤中もバイオ関連のベンチャーが苦労しているのは見知っていたので、どれくらい難しいのかはなんとなく見当はついた。しかし、後ろ向きの意見を聞けば聞くほどなんとかやってみたいという気持ちが膨らんでいった。

そんな中で、可能性を広げるには、やはりまずNEDO（国立研究開発法人・新エネルギー・産業技術総合開発機構）との関係を作ることが大事だというアドバイスに注目した。調べてみると、二〇一三年度から五年間「研究開発型ベンチャー支援事業」という制度が実施されていることがわかった。文字通り、研究開発型ベンチャー企業を育てようという制度で、採択されれば、起業家候補人材（スタートアップイノベーター）には一年間で最大六五〇万円の人件費と人件費以外最大一五〇〇万円が最長二年間支給される。

まずは高田が「飲まず食わず」の生活を脱し、開発に没頭できる環境を作らなければならない。さらにNEDOのプロジェクトに採択されたとなれば、投資家へのプレゼンもやりやすくなる。応募したところ無事採択され、二〇一七年の一年間をこれで乗り切った。

その間に藤中は人脈を駆使して東京の投資家との縁をたぐり寄せ、本格的な資金調達活動に乗り出した。藤中にとって思わぬ壁だったのは、若い世代のベンチャーキャピタリストに、半導体に関する知識や興味があまりないことだった。それでも高田が自らの論理設計を例のお試し回路FPGAでデモンストレーションすると、関心を示す投資家も現れた。未来創生ファンドの担当者も、その一人だった。

未来創生ファンドとは、投資会社のスパークスを運営者に、トヨタ自動車と三井住友銀行の三社による約一三五億円の出資で二〇一五年に始まったファンドだ。担当者は高田の技術に光る何かを感じたものの、半導体の技術については詳しくなかった。そこで技術の値踏みをトヨタグループに依頼したところ、豊田自動織機が手を挙げた。豊田自動織機はトヨタグループの原点とも言える会社で、トヨタ生産方式の「ニンベンの付いた自働化」の大本になった自動織機を開発した豊田佐吉を創業者とする。

豊田自動織機は自社の製品であるフォークリフトの自動運転化を目指していた。それに高田の技術が使えるのか、二〇一七年の夏から五か月かけて検証した結果、これは行けそうだという結果が出た。未来創生ファンドの担当者は、投資を実行するに当たり、最後に一つ条件を出してきた。藤中がコンサルタントの仕事を辞めること。つまり、アーキテックのＣＦＯに就任してこの仕事に専念することだった。

それを受けて、藤中は二〇一八年二月にアーキテックのＣＦＯに就任、未来創生ファンドは、翌三月、アーキテックに対し二億五〇〇〇万円の投資を実行した。

試作ＡＩチップ

未来創生ファンドから投資を受けた二〇一八年、アーキテックは他にも四つのベンチャーキャピタルから資金を得た。この年に始まった官民プロジェクトのＪ―Ｓｔａｒｔｕｐにも選ばれた。幼い子どもを二人抱え、アーキテックへの参加を躊躇していた同期の黒田剛毅もパナソニックを早期退職して合流、ＣＭＯ（最高マーケティング責任者）に就任した。

次はいよいよＡＩチップを実際に試作する段階だ。二〇一八年、ＮＥＤＯの「高効率・

高速処理を可能とするＡＩチップ・次世代コンピューティングの技術開発／革新的ＡＩエッジコンピューティング技術の開発」という長い名前の公募委託事業に「進化型・低消費電力ＡＩエッジＬＳＩの研究開発」というテーマで応募し、採択された。豊田自動織機とソシオネクストとの共同事業だ。ソシオネクストとは、高田の古巣であるパナソニックのＬＳＩ部門が富士通の子会社と統合されてできた半導体メーカーだ。

二〇二〇年一月末に完成した第一世代の試作ＡＩチップ「ａｒｉｍａ」は、電力効率で汎用ＧＰＵの一〇倍以上、処理時間は汎用ＣＰＵの二〇分の一を達成したという。さらに同じ年に第二世代の「ｂｅｐｐｕ」を試作、そしていよいよ今年二〇二三年中に、第三世代の量産チップ「ｃｈｉｃｈｉｂｕ」のエンジニアリングサンプルを製造する。三〇〇ミリウエハーで六枚、およそ一万個のエッジＡＩチップだ。

第三世代の量産チップ「ｃｈｉｃｈｉｂｕ」は第二世代の「ｂｅｐｐｕ」に比べて、約五倍のＡＩ性能を発揮するという。ちなみに横文字の開発コードネームは、温泉好きの社員の趣向である。そのエンジニアリングサンプルに問題がなければ、来年二〇二四年には三〇〇ミリウエハーでワンロット二五枚、四万二五〇〇個のチップが量産され、世に送り出される予定だ。

藤中が加わってから、アーキテックは総額二三億円の資金調達に成功した。

しかし高田は、半導体ベンチャーとしてやっていくにはまだまだ資金が足りないという。

「アメリカのベンチャー企業への投資額は日本とは桁が違います。そんな巨額の投資を受けている海外のベンチャー企業と戦っていかなあかんのですわ」と大阪弁で話す高田。それならアメリカのベンチャーキャピタルから投資を受ければよいのでは、と返すと、なるほどと思う答えが返ってきた。

「実は話をしに行ったことがあるんですが、あちらのベンチャーキャピタルの投資額は最低でも日本円で五〇億円、ほとんどが一〇〇億円ぐらいの投資じゃないとうちはやらないというところばかりなんです。うちの会社の企業価値っていまのところ数十億円しかないので、一〇〇億円投資されるということは会社を全部買い取られるということになってしまうんです。アメリカのベンチャーキャピタルに投資をしてもらうには、ＡＩチップを売るだけではない説得力のあるビジネスの構想を描いて、企業価値を三〇〇億円ぐらいに高める必要があるんですわ」

天のデータから地上のデータへ

では、企業価値を高め、アメリカから巨額の投資を得るための構想とは何なのか。

高田はＡＩＯｎＩＣ（アイオニック）でエッジＡＩチップのデファクトスタンダードの獲得を狙っている。自動運転車やドローンのみならず、あらゆる家電、あらゆる家屋、さらにあらゆる社会インフラに搭載したいと考えている。

これまではそうしたエッジＡＩチップがセンサーからキャッチした情報は、データセンターに送られ、サーバーの中にビッグデータとしてため込まれてきた。そのデータセンターの持ち主はグーグル、アマゾン、フェイスブック、アップル、マイクロソフトといったＩＴの巨人企業だ。いわばビッグデータはこうした巨人たちに独占されてきたわけだ。高田はこれを「天のデータベース」と呼ぶ。

一方高田のエッジＡＩチップは、エッジ機器内のメモリーに必要な情報だけをこしとって圧縮記憶し、原則として情報をサーバーには送らない。高田はこのエッジ機器に分散して蓄積されるデータを「地上のデータベース」と呼ぶ。そして、その地上のデータベースには、基本的にあらゆる人々がアクセスできるように開放したいと高田は語る。

例えば、いま良くも悪くも話題の人工知能チャットボットをインターフェースにして、どこそこの交差点の一日の自動車の通行量を教えてと尋ねれば、その交差点に設置されているカメラ内のデータにアクセスして、チャットボットが答えてくれたり、ＡＩがプライバシーに配慮した形に処理して画像を送ってくれたりする、という具合だ。

もちろん、個人所有のエッジＡＩチップに無断でアクセスすることは許されないので、そこにはブロックをかける必要はあるが、逆に個人所有のエッジＡＩのデータを個人が提供することで何らかの対価を得られるようなしくみと市場を作りたいと高田は考えている。

例えば、お天気ニュースのサイトに、自宅周辺の空模様の写真を撮って送ると、ちょっとした特典があるのと少し似ているが、送る相手は企業に限らない。つまり、個人間で自分のエッジＡＩチップ内のデータの取引も始まるわけだ。ブロックチェーンの技術を使った分散型インターネットであるＷｅｂ３・０にも通じる考え方だが、こうした地上のデータを流通させるしくみと市場を、エッジＡＩチップを使ってうまく作ることができれば、ＡＩチップを売るにとどまらない大きなビジネスモデルを描くことができる。

この構想を実現するためにも、アーキテックはＡＩＯｎＩＣでエッジＡＩチップのデファクトスタンダードを獲りたいわけだ。そのため、普及を狙ってチップの価格は五〇米ドルからスタートし、量産効果でさらに下げていきたいとしている。インテルのＣＰＵやエヌビディアのＧＰＵより、一桁安い。この価格設定だと、本当に大量に売れなければ採算は合わないだろう。

アメリカやヨーロッパ、さらに巨大市場を持つ中国が日本発の技術にデファクトスタンダードを獲らせるわけがないし、そもそも小さなベンチャー企業にそんなことは無理でしょう、などと思う人がいても無理はない。しかし、例えば日本のファブレスベンチャーの先駆けだったザインエレクトロニクスは、液晶モニター用の伝送規格ｖ‐ｂｙ‐ｏｎｅとそれに基づく低電力高速インターフェースチップでサムスンなど韓国勢をうまく取り込み、デファクトスタンダードを獲得した。いまｖ‐ｂｙ‐ｏｎｅは液晶パネルに限らず、事務機器、自動車、ロボットなど多方面に使われている。

このザインエレクトロニクスを創業した飯塚哲哉は東芝の半導体研究所の開発部長だった。パナソニックの半導体研究センターで画像処理ＬＳＩ一筋にやってきた高田周一とその仲間たちがエッジＡＩチップでデファクトスタンダードを獲っても何ら不思議ではない。私はこの同世代の大阪発おじさんＡＩベンチャーが真っ当に技術を磨き、世界を獲る日が来るのを楽しみにしている。

チップを作ったのはどこのメーカーなのか

さて、最後にまだ明らかにしていない重要なことをお伝えしよう。

アーキテックはファブレスである。そうすると、エッジＡＩチップの試作ならびに来年予定されている量産は、一体どこのメーカーが請け負っているのか。

実はあのＴＳＭＣなのである。「ＴＳＭＣは日本の小さなベンチャー企業など相手にしないだろう、だからラピダスのビジネスチャンスがそこにある」と聞いていただけに、驚いた。

ＴＳＭＣは横浜にＧＵＣ（グローバル・ユニチップ）ジャパンという設計開発子会社の日本法人を二〇〇五年に設立している。マネージャーは台湾人だが、エンジニアはほとんど日本人だそうだ。年齢層は三〇代から五〇代で以前は日本の半導体メーカーで働いていた人たちが多いという。ファブレスが彼らＧＵＣに論理設計を渡せば、フォトマスクの製作から前工程の微細加工、後工程のパッケージ、テスト、完成までＧＵＣとＴＳＭＣがお任せで手厚く面倒を見てくれるというのだ。

当初アーキテックは国内の受託生産メーカーに試作をお願いしようと考えていた。ところが見積もりを出してもらうと、予想を遥かに上回る金額で、調達した資金では全く足りなかった。そこでＧＵＣの存在を知り、試しに見積もりをお願いしたところ、なんと国内メーカーの半分の金額を提示してきたという。それには財務担当の藤中も驚いた。

「まずＴＳＭＣが日本の小さなベンチャー企業にＧＵＣという子会社を通じて門戸を開い

てくれることに驚きました。さすがにＧＵＣのような窓口会社がないと私たちもＴＳＭＣにはリーチできなかったと思います。さらに驚いたのは価格です。おそらく大企業向けよりはかなり安くしてくれていると思います。そういう意味では、日本のメーカーが大企業のほうに目を向けているのに対し、ＴＳＭＣは将来の顧客を育てるということに対して、より戦略的に取り組んでいるように感じました」

実際に、試作を格安で請け負う条件として、量産までＧＵＣを通じてＴＳＭＣに任せることが条件だったという。量産まで見込んで商談を進めるということは、アーキテックのエッジＡＩチップに対して、かなり有望であるという見立てがあったのではないかと推測するが、何より藤中はＧＵＣとＴＳＭＣに手をさしのべてもらえなかったら、ここまで来られなかったと深い感謝の意を表している。

同時に藤中は、ぜひラピダスにもベンチャー企業に目を向けて欲しいと期待を込めて語るのだが、ラピダスのパイロットラインが動くのは二〇二五年、量産開始は二〇二七年の予定である。おそらくこれよりスケジュールを前倒しにするのは困難だろう。

アーキテックのＡＩチップは年内にエンジニアリングサンプルとして生産され、問題がなければ来年早々量産に入る。トランジスタのタイプはフィン型で、微細加工プロセスは一二ナノメートルである。そして、それらすべてを担うのがＴＳＭＣグループである。来年二〇二四年の一二月には熊本に進出したＴＳＭＣとソニーとデンソーの合弁工場も稼働する。はたして四年後、いや二年後にパイロットラインが稼働した時点で、ラピダスがそこに割って入る隙を見いだせるのか。高田は筆者に次のように本音を語った。

「ラピダスさんには本当に期待していますが、どこからどこまでお任せできるのか。我々としては論理設計はやるので、その先からはお任せしたいんです。ＧＵＣのような気配りの効いた手厚いサービスをしてもらえると助かります。ただ、これだけお世話になっているＴＳＭＣを裏切ってラピダスさんに鞍替えしたら怒られるんとちゃうかなという心配も、ちょっとあるんですけどね」

一歩先回りしてサービスを繰り出し、一歩後までぬかりなくサービスを続ける。それこそが「おもんぱかり」の心をベースにした日本人のおもてなしの神髄だということを、筆者はＮＨＫスペシャル「ジャパンブランド　日本式サービス　強さの秘密」（二〇一四年一一月放送）でスタジオ解説したのを思い出したが、少なくとも半導体の世界では、台湾にお株を奪われたようである。

ＴＳＭＣ、やはり恐るべしだ。

第七章

三次元集積回路

―おもてなしチップの時代へ―

集積回路の三次元化

ニッポン半導体の巻き返しの舞台として、このところよく耳にするのが、三次元集積回路だ。

三次元集積回路とは、集積回路の性能を高めるのに、二次元的に横に面積を広げていくのではなく、あたかもビルディングのように、回路が描かれたフロアを一階、二階、三階、四階と三次元的に縦に重ねていく技術だ。

システムLSIでは、CPU、メモリー、音声処理、画像処理などの機能を持ついくつもの回路を一枚のシリコンチップの上に刻むのだが、機能が多くなればなるほど、性能が上がれば上がるほど、平屋の家の部屋数を増やしていくように、チップの面積が広くなっていく。これは製品の小型化を目指すセットメーカーにとって望ましくない。

また、チップはたった一つナノレベルの不具合があっても不良品になってしまう恐れがある。チップ面積が大きくなると、一枚のチップが不具合を囲ってしまう確率も高くなり、歩留まりは悪くなる。さらに、横に回路が広がっていくと配線が長くなり、電力の消費と発熱量の増加につながる。

システムLSIは二次元から三次元へ

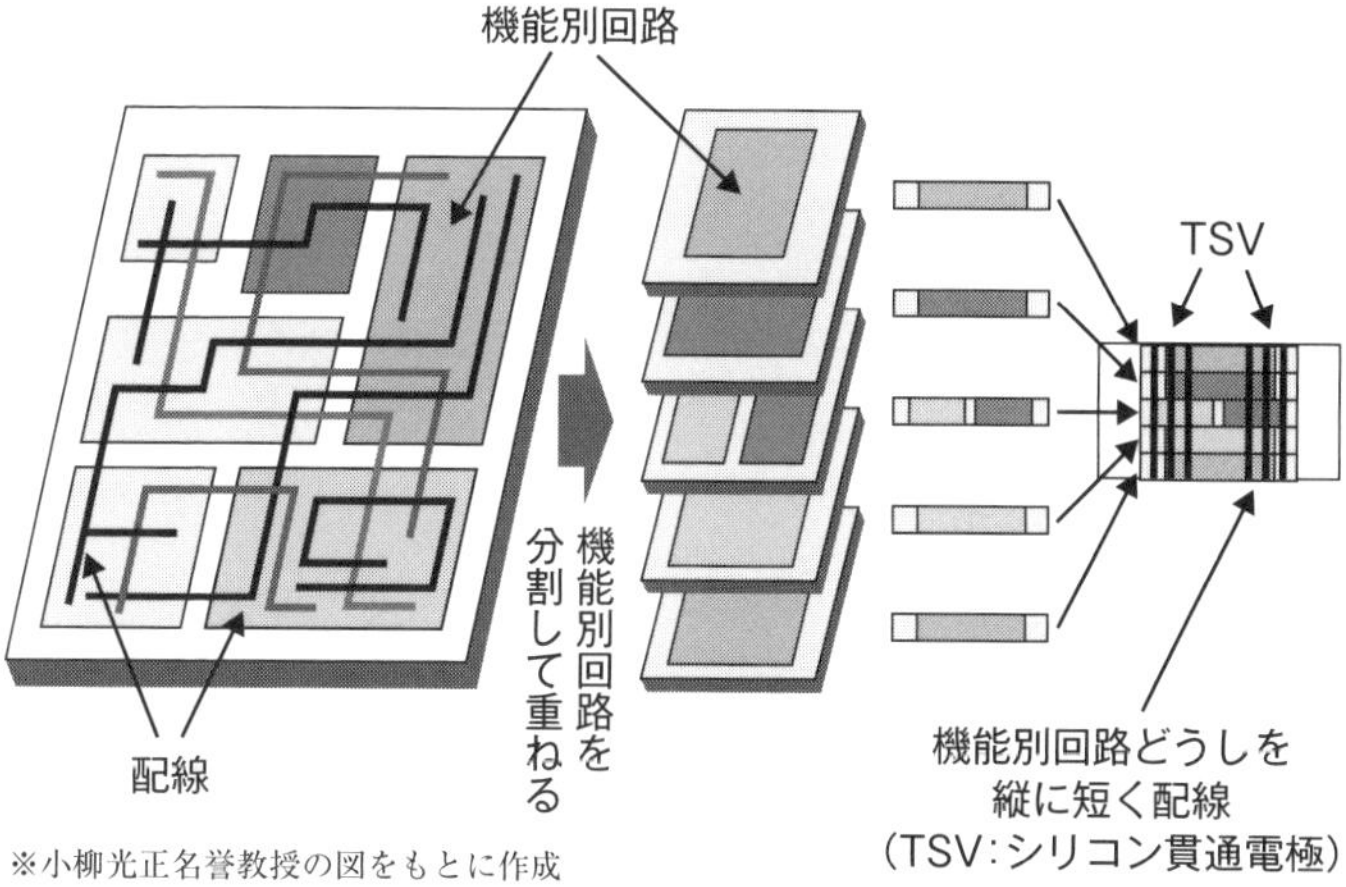

※小柳光正名誉教授の図をもとに作成

これも、省エネや温暖化防止などに向けたＧＸ（グリーントランスフォーメーション）の流れに逆行する。しかも長い配線は処理スピードも低下させる。だからこそ、加工の微細化をナノレベルで進め、できるだけ狭い面積に多くの回路を詰め込もうと試みてきたのだ。

一方、システムＬＳＩを三次元に積層すると、各フロアをいくつものエレベーターが貫通するように縦に配線されるので、配線距離は短くなる。消費電力は半分以下になり、スピードも一桁上がるという。もちろん横に並べていた回路を縦に積むので面積は小さくなる。しかも、三次元積層では従来の集積回路のように後工程のワイヤーボンディングも必要としない。

ワイヤーボンディングとは金、アルミニウム、銅などの極めて細い金属ワイヤーを使って集積回路上の電極とプリント基板や半導体パッケージの電極とを接続する技術だ。テレビのニュースや番組で半導体について取り上げる際、必ずと言ってよいほどイメージ映像として使われる、あれだ。ワイヤーによる配線を周囲にある電極にムカデの脚のように広げる分だけ面積も大きくなってしまう。

それに対し、三次元集積回路の場合は、ビルディングの一階にあたるフロアの底に電極を設け、基板に同じように設けられた電極の上にピタリと合わせて置けば通電される。配線がエレベーターのように縦に施されているため、必然的にこの形がベストとなる。

縦に積むと、ビルディングのようにチップがかさ高くなってしまうのではないかと心配にもなるが、通常のシリコンウエハーの厚みが〇・七五ミリメートルあるところを、〇・〇四から〇・〇五ミリ、さらに一〇〇〇分の数ミリまで薄くすることで、「低い高層ビル」を実現する。複数個のＩＣを単純に重ねて樹脂で封入するだけのＳＩＰ（システム・イン・パッケージ）という技術とは全く別物であることを指摘しておきたい。

三次元集積回路がにわかに注目されるようになったのは、なぜか。それは、いよいよ微細化の限界が見えてきたとされているからだ。一八か月で集積度は二倍になり、同じ性能の集積回路を半分のコストで作ることができるようになるという「ムーアの法則」は、一九六五年に提唱されてから、一九七五年に当初の「一年に二倍」から修正されたものの、基本的に生き続けてきた（むしろ、ムーアの法則がロードマップとなって技術開発を引っ張ってきたようにも感じるが）。

私がＮＨＫスペシャル「復活なるか　ニッポン半導体」の制作に携わったのは二〇〇三年で、放送は二〇〇四年一月だったが、当時実際に使われていた微細加工のレベルは一三〇ナノメートルだった。番組の中で、このまま微細化が進んでいくと、配線どうしの干渉などが起きて誤作動を起こしかねないことを指摘していた。

それがいまや微細加工のレベルは台湾のＴＳＭＣで三ナノメートル世代に到達している。さらにラピダスの小池が実用化を狙うのは二ナノメートルだ。しかも、微細化が進むにつれ、製造装置への投資金額が跳ね上がるにもかかわらず、消費電力の低減効果は低くなってきているという。それゆえにロジック半導体ではトランジスタの構造そのものをＧＡＡに進化させて対応しようとしているのだが、技術的なハードルは高い。

それならば、微細加工の追求はそれとして、三次元の技術を磨く方向で集積回路の高度化を図ろうという機運が高まるのも理解できる。もちろんラピダスも、二ナノレベルの先端微細加工技術の習得に加え、この三次元集積技術の錬磨もファウンドリとしての勝負所と見据えている。

しかし、このところ半導体の世界を多少知っている知人から「これからは三次元が勝負だよね」などという声を耳にするたびに、たしかにそれはそうだと思いつつ、私自身ある種の違和感をぬぐえないでいた。三次元集積回路が重要であることは言うまでもないが、それがあたかも最近出てきたばかりの技術のようなニュアンスで語られることへの違和感だ（このあたりはＧＡＡのようなトランジスタ構造そのものの三次元化と、トランジスタが集まった集積回路の三次元化が混同されていることが理由の一つかもしれない）。

世界でもいち早くこの三次元集積回路を提唱したのが、実は日本人技術者だという事実はどれだけ知られているのだろうか。しかも、私がその技術者を取材し、そのことを知ったのは二〇〇三年、もう二〇年も前のことだ。さらに言うと、その技術者が三次元集積回路を初めて試作したのは一九八九年というから、もう三四年も前のことになる。

この日本人技術者は、同時期に三次元集積回路の研究に取り組み始めたフラウンホーファー研究機構のピーター・ラムとともに、二〇二〇年、アメリカ電気電子学会（ＩＥＥＥ）のエレクトロニクス・パッケージ・アワードを受賞した。

この技術者は、三次元集積回路のみならず、ニッポン半導体に黄金時代をもたらした、いや、世界の半導体技術の進歩に寄与した、ある技術も開発している。小池が日立に入社した一九七八年、日立中央研究所にいたこの技術者こそが、のちにＤＲＡＭの主流となるスタックド・キャパシタ・メモリーセルを開発し、世界に向けて発表した人物だ。

現在、東北大学未来科学技術共同研究センターのシニアリサーチフェローを務める小柳光正名誉教授、その人だ。

三次元スーパーチップLSI試作製造拠点

仙台駅から仙台空港アクセス線に乗り換えて四つめの駅、JR名取駅で降りた。

名取といえば、東日本大震災の際に、海に近い閖上《ゆりあげ》地区が津波に襲われ、甚大な被害に見舞われた記憶が、すさまじい映像とともによみがえる。少し緊張感を覚えつつ駅舎を出ると、少なくとも津波の被害を思わせる痕跡は見当たらない。駅は市の中心部にあり、ここまでは津波もやってこなかったのだろう。

私は小柳博士に会うために、休暇をとってこの町を訪ねた。毎年年賀状を交わすことで互いに近況を確認してきたが、直接会うのは実に二〇年ぶりだ。

向かったのは、駅から歩いて一〇分ほどのところにあるパナソニック仙台工場。パナソニックは小柳の技術に注目し、三次元集積回路に関するプロジェクトを立ち上げたのかと少しワクワクしながら工場を訪ねたのだが、どうやら違ったらしい。生産規模を縮小して空いた工場を、ベンチャー企業などに間貸ししているようだ。

守衛に小柳を訪ねてきた旨を伝えると、「東北マイクロテックですね」と言って、案内してくれた。

古びた工場に入っていくつかのドアをくぐると、クリーンルームが現れた。小柳が立ち上げた三次元スーパーチップLSI試作製造拠点だ。一〇〇〇平米ほどのクリーンルームには、三次元集積回路を作るために改良を加えられた半導体製造装置がずらりと並んでいた。

この試作製造拠点が最初に作られたのは、宮城県多賀城市にあるソニー仙台だった。二〇一三年、ソニー仙台の敷地内に、東日本大震災からの復興事業の一環として「みやぎ復興パーク」が作られた。経済産業省などの支援を得て、そこに「三〇〇ミリウエハーを用いて三次元集積回路を試作できる環境を半導体メーカーや研究機関に提供するための拠点」を設けた。完成記念式典で小柳は「TSMCに負けない、三次元集積回路の世界的な開発拠点にする」と意気込みを見せた。それは、日立の後輩である小池がトレセンティテクノロジーズを、「TSMCに負けないシステムLSIの製造拠点にする」と意気込んでいた姿と重なる。

小柳が立ち上げた三次元スーパーチップ試作製造拠点は、一〇年の契約期間が終わり、

東北大学未来科学技術共同研究センター
小柳光正シニアリサーチフェロー

「みやぎ復興パーク」を出て、ここパナソニック仙台に移ってきた。現在、小柳がCTO（最高技術責任者）を務める東北マイクロテックという会社が、この拠点を運営している。

会議室で待っていると、小柳博士が姿を現した。二〇年の時を経て、年齢は七六歳になっていたが、老いは感じさせない。現役の半導体技術者だ。

ミスター半導体に弟子入りした男～DRAM開発にも功績

小柳光正は、生まれ故郷にある室蘭工業大学電気工学科を一九六九年に卒業したあと、ある研究者に教えを請うために東北大学大学院工学研究科に進んだ。その研究者とは、ミスター半導体と呼ばれた西澤潤一だ。

実学主義を掲げる東北大学にあって、西澤は半導体分野に数々の業績を残した。高性能な整流特性を持つＰＩＮ型ダイオードに始まり、イオン注入法、静電誘導トランジスタ、半導体メーサー、集束型光ファイバー、静電誘導サイリスタ、高輝度赤色発光ダイオード、高輝度緑色発光ダイオードなどなど、挙げればきりがない。ノーベル賞候補とも言われていたが、受賞が実現しないまま、二〇一八年、九二歳でこの世を去った。

アメリカ電気電子学会（ＩＥＥＥ）では、生前の二〇〇二年にジュンイチ・ニシザワ・メダルが設けられ、材料科学とデバイスの優れた研究開発に対して毎年授与されている。小柳自身、師の名を冠したこのメダルを二〇〇六年に受賞している。

筆者は西澤とはある会合で挨拶を交わしたことがある程度で、残念ながらほとんど話したことはない。西澤が小柳にどんな言葉を遺したのか尋ねてみると、「とにかくオリジナリティ、独創性。世界のトップになりなさい、と言われ続けた」という答えがすかさず返ってきた。また、小柳が博士課程のころ、必要な装置がないため研究が進まないと西澤に話したところ、研究者は必要な装置は自分で作るものだとひどく怒られ、一年以上かけて測定装置を自作したそうだ。「自分の道具は自分で作る」という日本のものづくりの真骨頂は、西澤研究室にも通じていた。

小柳は西澤のもとで、シリコンの性質、とりわけ単結晶シリコンの表面の性質を研究した。当時はガリウムヒ素のような化合物半導体の研究がはやりだったが、小柳は「シリコンの単結晶は人間が作る物質の中で、最も完全に近い、神が作ったような物質」だとして、シリコンの表面特性を生かした電界効果トランジスタの研究に没頭した。結局、集積回路に搭載するトランジスタとしては、シリコン電界効果トランジスタが最適だということが判明し、小柳の研究はいきおいメインストリームとなる。

小柳が日立中央研究所に入った一九七四年、注目の半導体はＤＲＡＭだった。先にも述べたようにＤＲＡＭがアメリカのインテルによって商品化されたのが一九七〇年、「１１０３」と名付けられた一キロビットのメモリーだ。ＤＲＡＭの登場によって、それまでコンピュータのメインメモリーとして使われていた磁気コアメモリーがＤＲＡＭに急速に置き換えられていった。日本でＤＲＡＭ市場にいち早く参入したのはＮＥＣだったが、日立も負けじと後を追い、一九七三年、国産初となる四キロビットのＤＲＡＭを発表していた。

小柳は、東北大学西澤研究室の二年先輩である角南英夫と机を並べて、世界に勝てる高性能なＤＲＡＭを生み出すべく、良き競争を繰り広げていた。角南《すなみ》の頭文字Ｓと小柳の頭文字Ｋをとって、ＳＫＹプロジェクトなどと盛り上がっていたそうだ。野武士集団と呼ばれた日立にあって、とりわけ中央研究所は博士課程を終えたドクターばかりが集められ、互いにしのぎを削る梁山泊だった。小柳は新しい技術を生み出すために、夜中に勝手にクリーンルームに入って実験を重ねるなど、会社のルールに縛られずに研究を重ねた。

入社して四年経った一九七八年、小柳は、スタックド・キャパシタ・メモリーセルの試作成果を国際会議で発表。角南も一九八二年、トレンチ・キャパシタ・メモリーセルの試作成果を発表した。そして、日立は四メガ以降のＤＲＡＭに小柳が開発した方式を採用した。

日立のみならず、サムスン、マイクロン、ハイニックス、そして後に経営破綻してマイクロンに買収されたエルピーダもスタックドＤＲＡＭを採用し、小柳の方式は世界のＤＲＡＭの九割を占める主流となった。「スタックドＤＲＡＭの全世界での売り上げはおそらく二〇〇兆円を超えるでしょうが、私が手に入れたのは名誉だけでした」と、小柳は軽い笑みを浮かべながら語った。

三次元集積回路に挑む

あまりに好き勝手に研究を進めていたせいか、小柳は中央研究所から開発部に異動になる。それを機に、一九八五年、日立を離れ、アメリカのシリコンバレーにあるゼロックス・パロアルト研究所に入社した。コンピュータサイエンスの分野で数々の発明を生み出してきた知の拠点だ。

小柳はこのパロアルト研究所で微細半導体素子と集積回路の設計を研究していた。研究を進める中で、小柳はいずれ微細加工に限界が来ると感じていた。配線の径はともかく、トランジスタのゲート長の微細化はいずれ壁にぶつかるだろうと。ゲート長とは、トランジスタのオンとオフを切り替えるスイッチのサイズのことで、短ければ短いほど電子の移動スピードは上がるので、回路の高速化につながる。

一方で、トランジスタのゲート長が短くなるにつれて、電流を完全にオフにするのが難しくなる。これではトランジスタとしての役目は果たせない。実際に、小柳の予想通り、微細加工のレベルが三二ナノ、二二ナノ、一四ナノと進んでも、トランジスタのゲート長は三〇ナノメートルあたりから下がりにくくなっていった。この限界を突破しようと登場するのが、フィン型トランジスタであり、さらにGAAへとつながっていくのだが、小柳はこれらの技術が登場する遥か以前、集積回路の三次元化で問題を解決できるのではないかと考えた。

一九八八年、日本の半導体の世界シェアが五〇・三％と過去最高をマークした年、小柳は広島大学集積化システム研究センターに教授として迎えられた。翌一九八九年、小柳はTSV（Through Silicon Via：シリコン貫通電極）、つまりエレベーターのような縦型配線をシリコンウエハーに作っておいて、その上に別のウエハーを重ねていくという形で、三次元集積回路の実験に取り組み始めた。

一九九五年、前の年に東北大学に教授職を得て移籍していた小柳は、三次元集積回路の鍵となる縦型配線（ＴＳＶ）の研究成果を発表。一九九九年には、三次元イメージセンサー、二〇〇〇年には三次元メモリー、二〇〇二年には三次元マイクロプロセッサを、東北大学に設けたクリーンルームでトランジスタレベルから試作することに世界で初めて成功した。

さらに小柳は二〇〇九年、三次元集積回路に故障が起きた際に自己修復する機能まで考案した。集積回路の中に機能を監視するスーパーバイザーチップを搭載し、動作をスキャンチェックさせる。不良があれば、自動的に別の縦型配線に切り替えたりして、機能を維持できるという。万が一の機能停止も大事故につながりかねない自動車などの製品を想定して開発されたしくみだ。

そして二〇一三年、ソニー仙台に創られた「みやぎ復興パーク」に三次元スーパーチップＬＳＩ試作製造拠点が設けられた。震災復興を急ぐ東北の地から、いよいよニッポン半導体の新たな物語が始まると、小柳は期待に胸を膨らませた。

しかし、日本の半導体メーカーの動きは鈍かったと小柳は言う。このころ、すでに日本の半導体の世界シェアは一〇％程度にまで落ち込んでいた。小柳によれば、海外の企業のほうが積極的にアクセスしてきたそうだ。日本のメーカーで積極的だったのは、材料メーカーや製造装置メーカーだった。顧客である海外の半導体メーカーから三次元化への対応を迫られ、自分たちだけでは手に負えないので小柳に協力を求めてきたようだ。

メモリーの三次元化については、韓国勢と日本のキオクシアがしのぎを削っている。

東北大学大学院で小柳のもと博士課程を修了した李康旭《リ・カンウク》という韓国人技術者がいる。李はポストドクターとしてアメリカの大学で二年ほど研究職に就いたあとサムスンに就職、小柳から学んだＴＳＶ（シリコン貫通電極）の技術を生かして三次元ＮＡＮＤフラッシュメモリーのプロジェクトを立ち上げた。

技術を会社に提供したあと居づらさを感じたという李は、再び師である小柳の元に戻り、研究専任教授として三次元スーパーチップＬＳＩ試作製造拠点での活動に加わった。そこで多くの成果を上げ、三次元集積回路では世界的な研究者と認められるようになったが、小柳の大学側への働きかけもむなしく、希望していた正式な教授ポストを得られなかったことから、韓国に戻った。現在、韓国のＳＫハイニックスで三次元ＤＲＡＭの開発リーダーとして活躍しているという。小柳は教え子の活躍を喜びつつ、もし李が教授職を得て東北大学に残ってくれていたらと、いまなお李の帰国を惜しんでいる。

対する日本勢は、東芝（現在のキオクシア）が、二〇〇七年に三次元NANDフラッシュメモリー技術「BiCS」を発表していたが、量産では韓国勢に後れをとった。実は、エルピーダの坂本幸雄社長が大規模DRAMの三次元化にいち早く取り組み、小柳も協力していたそうだが、二〇一二年に経営破綻し、翌年アメリカのマイクロンテクノロジーに買収されてしまった。

ちなみに、二〇一三年のサムスンの三次元NANDフラッシュメモリーは、最大二四層・一二八ギガビットだったが、最新の第八世代と呼ばれるものは二三六層・一テラビットに及ぶ。

三次元集積技術の開発競争が激しさを増す中、小柳は日本のある大手半導体メーカーからの要請に応え、層の数が二〇〇〇を超える先進三次元集積回路の共同開発に乗り出している。

マイクロプロセッサに関しては、インテルが二〇一八年にフォベロス（Foveros）と名付けた三次元集積技術を発表している。

そして、いま小柳が注目するのは、中国の動きだ。二〇二三年二月にアメリカ・サンフランシスコで開催された国際固体素子回路会議（ISSCC）を訪れると、中国の企業や中国人研究者による三次元集積回路に関する研究発表が目白押しだったそうだ。発表の内容については首をひねりたくなるようなものも少なくなかったそうだが、ここぞという分野に大挙して押し寄せてくる中国のパワーに対し、できそうにない理由を先に探してなかなか前に進もうとしない日本の企業や技術者たちが太刀打ちできるのか、不安が深まったという。

勝機はどこにあるのか

では、三次元集積回路において、勝機はどこにあるのか。

小柳がまず挙げたのは、異なる種類の集積回路を重ねる技術だ。マイクロプロセッサにしろ、メモリーにしろ、同じ機能を持つ集積回路を何層も重ねていくことで高い機能を実現している。それに対し、小柳は、縦に重ねるシステムＬＳＩとでも表現すればよいのか、層ごとに異なる機能を持つ集積回路を重ねることで、狙った機能を発揮する一つのシステムにまとめ上げることを目指すべきだという。

ここで言うシステムとは、計算のスピードが速いとか、多くの情報を記憶できるといった単一の機能の高さを評価の基準とするのではなく、例えば、二四時間常に健康状態に異常がないかを監視してくれるＬＳＩといったような、解決すべき問題から構想される設計思想のことだ。こうした異なる機能を持つ集積回路を三次元積層してひとつのシステムにまとめ上げる技術は、これからが勝負だ。

その際、日本人がものごとをシステムで思考するのがあまり得意ではないことが懸念すべきポイントだと、小柳は言う。そして「このチップの性能がすごい」と語るときの日本の技術者の思考に、ニッポン半導体が敗北した一因があるとして、以下のように指摘する。

「日本人は細かい『点』のテクノロジーばかり見がちです。しかし、点が集まってもシステムにはなりません。システムから考えると半導体も作り方が変わってきます。積層することが目的なのではなく、何を成し遂げるためにどんな集積回路をどう積層するのか、という思考が重要です。システムとは大きな目的を達成するための戦略構想であり、三次元集積回路はその目的を達成するために、あらゆる技術が統合されたアイテムです。ところが、日本では大学で研究費を集める際も、国の補助金を申請する際も、研究の題目に『システム』という言葉を入れるとお金がおりにくくなります。システムという言葉は、日本人にとって抽象的でわかりにくい概念的なものなのでしょう」

ラピダスの小池が、セットメーカーが描く最終製品のコンセプトを共有してから、そのために必要な半導体を開発する、というスタンスを打ち出したのも、こうした日本の失敗を肌で感じてきたからだ。

もちろん、システム的な思考だけでなく、異なる集積回路を重ねて機能させることは技術的に容易ではない。例えば、シリコンの場合は一ボルト程度の電圧で動作するが、化合物半導体になると動作電圧が一〇〇ボルトのものがある。このように動作電圧が大きく違う半導体を重ねてうまく機能させるための設計や生産技術も必要だ。また積層した内部の熱をどう逃がすかも課題だ。さらに、ウエハーに刻まれた集積回路の上に別の集積回路をのせるとき、当然良品だけを選んで積層しなければならない。そのために、二層目以降は、ウエハーから切り出したチップから良品だけを選んで、良品の上にのせる。

ウエハーの枚数が増えるだけでもコストは上がるのに、それを切り出して一個一個やっていては時間とコストがさらに増える。そのあたりはサムスンや世界一のファウンドリである台湾のＴＳＭＣをはじめ、各社研究を重ねながらノウハウを蓄積しているだろう。ラピダスは、遅くとも二〇二七年にはこうしたライバル企業に肩を並べるだけの技術を実用化させていなければ、勝負にならない。

現在小柳は、シリコンウエハーの上に何千何万という良品チップをピタリと位置を合わせて、しかも瞬時に貼り合わせるために、水の表面張力を利用する技術の開発を進めている。

おもてなしチップ

さて、システム的なアプローチで三次元集積回路の新分野を切り開くとして、具体的にどのような用途が考えられるのだろうか。小柳が取り組んできたのがバイオロボティクスと呼ばれる分野の三次元集積回路だ。ＬＳＩは人類が生み出してきたモノの中で、唯一知能処理や情報処理ができるハードウェアだ。それを三次元化することで脳の機能に近づけ、デバイスに組み込んで体に装着したり、あるいは体内に埋め込んで健康状態を監視させたり、さらに人体の機能をサポートさせようというのが狙いだ。

例えば、視力を回復させる人工網膜チップや、記憶や認識などの脳の機能をサポートするブレイン・マシンインターフェイスモジュールなど、健康で長生きしたいという人類永遠の夢を実現するためのシステムを三次元ＬＳＩ技術で実現しようと試作に取り組んでいる。

小柳がこの分野に勝機があると考える理由の一つが、日本のメーカーが持つ高度なセンサー技術だ。ソニーが得意とするイメージセンサー、わずかな色の違いを検出するオムロンのカラーセンサー、キーエンスの超音波センサー、双葉電子の圧力センサーなど、世界のセンサー市場は日本のメーカーがその半分ほどを握っている。

ＩｏＴ（Internet of Things）という言葉が人口に膾炙されるようになってもう数年経つが、ＩｏＴが技術立国日本の起死回生のチャンスとされたのも、ＩｏＴの鍵となるセンサー、アクチュエーター（動力源と機構部品を組み合わせて、ロボットハンドのような機械的な動きを行う装置）、ＡＩの三つの技術のうち、センサーとアクチュエーターに日本が強みを持っていたからだ（まだＩｏＴで実際に日本がブレークしたという話を耳にした記憶がないのが残念だが）。

小柳の三次元スーパーチップは、最上層にセットされたセンサーチップから得た情報を、積層されたさまざまな集積回路が分析し、瞬時に状況や対応策を示したり、あるいはセンサーが捉えた問題を解決する方向に機能したりする。例えば、肌にシートのように張れば、センサーから出された赤外線で血流など血液の状態を分析し、その結果を常時スマートフォンなどに表示する、あるいは問題への処方を指示する、といった具合だ。

三次元集積回路にセンサーを複数装塡すれば、肌の乾燥具合や細胞の状態から体調を確認することもできる。その際に重要になるのが、ネットにつないでクラウドサーバーに情報を送って処理するのではなく、チップ内でエッジ処理を行うということだ。前章でも述べたが、いちいちサーバーまで情報を送らず、タイムラグなく瞬時にリアルタイムで情報を処理できるのがエッジ処理のメリットだ。

もちろん必要に応じてネットでサーバーにつなぐことも可能なのだが、人体に関わるチップについては、装着する個人に向けてパーソナライズされていくので、常時ビッグデータ（他人のデータ）にアクセスしたり、ため込んだりする必要がないというのが、小柳の考えだ。そもそも自らの身体情報をＩＴ企業のサーバーに提供することに抵抗を感じる人も少なくないだろう。

自分に最もふさわしいサービスを提供できるよう学習を重ねて進化していく自分だけのチップ、小柳はこれを「おもてなしチップ」と名付けた。そして、このチップには特別な集積回路が組み込まれる。脳型チップと呼ばれる第二世代ＡＩチップだ。

脳型チップ～第二世代ＡＩチップ

小柳は一九九七年から二〇〇二年まで、ＮＥＤＯ（国立研究開発法人 新エネルギー・産業技術総合開発機構）の「脳を創る」というプロジェクトに参加して、脳科学者の協力も得ながら三次元集積回路で脳型のコンピュータを作った経験がある。

「脳は計算しない」と小柳は言う。これまでのコンピュータは、マイクロプロセッサとメモリーが分離され、マイクロプロセッサが膨大な高速計算によって情報処理を行ってきた。その高速計算のために膨大な電力を食い、膨大な熱をはき出す。それでは体内はもちろんのこと、身につけることも難しい。

これまでAIチップとして使われてきたGPU(グラフィック・プロセッシング・ユニット)の消費電力は数百ワットに及び、しかも最先端のAIになると、そのGPUを何百個も何千個も使うというから、消費電力はすさまじい。それに比べ、人間の脳の消費エネルギーは電力換算で二〇ワット程度だ。そこで、脳が普段行っているようなニューラルネットワークによる情報処理ができるチップを三次元技術で作れないかと小柳は考えた。

小柳が試作した四層の三次元AIチップには、そのときの研究成果が生かされている。二層の脳型チップの上に、メモリーチップを二層重ねたものだ。さらにその上にセンサーチップをのせて五層にすれば、センサーが捉えた情報を、低消費電力で処理できる。

脳型チップは計算だけに頼らず、学習によって答えを出す。メモリーに蓄積された学習データを使ってセンサーが捉えた情報を選別し、重要な情報だけを脳型チップに送って演算を加え、その結果を学習データとしてまたメモリーに蓄積する。メモリーをベースに情報処理を行うので、メモリーコンピューティングとも呼ばれる。学習したデータを使って情報を処理するので、消費電力は低い。膨大な量の計算はできないが、電源供給や放熱のためのユニットを劇的に単純化できるので、さまざまな場面での使用が可能になる。

さらに小柳はこうした三次元集積回路に、二〇〇九年に開発に着手した、故障が起きた際に自己修復する機能まで盛り込もうと考えている。

小柳が目指す「おもてなしチップ」を搭載した超小型ウエアラブル機器や、人体への親和性をクリアした体内埋め込み型チップが、ひとりひとりの健康状態を把握しながら寿命を延ばし、その人なりの一番良い生き方をサポートしてくれる日は、もうそこまで来ているのかもしれない。

量産してこそ見えてくるものがある

スタックドDRAM、三次元集積回路など数々の技術を生み出してきた小柳の功績は海外では高く評価されてきた。それに対して、日本での評価を小柳自身、どう受け止めているのか。尋ねてみると、こんな答えが返ってきた。

「技術が実用化されるまでには実に多くの人たちの力が必要です。私が開発したスタックド・キャパシタ・メモリーセルの技術も、そこに他の研究や開発の成果が加わることによって、初めてスタックドDRAMという製品になりました。先輩だった角南さんとの切磋琢磨も大きな力となりました。技術開発はたったひとりの研究者によるたった一つの研究成果によって日の目を見るほど簡単なものではありません。だからこそ、先人が成し遂げた先行研究には敬意を払わなければならないと私は思います。その点、日本はそうした先人の研究に対する認識と敬意が少し欠けているのではないかという印象があります。長い時間軸の中でものごとを見ようとせず、いま言い出した人がまるですべてを成し遂げたように錯覚する文化とでも言いましょうか。ブームに流されやすいのも、そういう一面に通じているのかもしれません」

最後に、研究者である小柳から量産することについての興味深い話が出てきた。

「半導体というものは、ただ研究だけやっていても勝てるものではありません。最終的には大量生産できる製造技術を打ち立ててこそスタートに立ったと言えます。ところが、日本は研究だけで終わって結局産業にはならないということを繰り返してきました。大学の研究者も往々にして、世界一の技術が生まれましたと論文を出して終わり。言っちゃあ悪いが、国の研究所も同じ。プロジェクトが終わったら、ハイそれまで。研究と実用化との間にはものすごい距離があります」

さらに日立にいたこともある小柳は、量産に関するこんな経験について語ってくれた。

「例えば、DRAM。ちょこちょこと試作しているだけでは引っかかってこないような物理現象が、大量生産することで初めて見えてくるということが何度もありました。どんなに精度の高い分析装置をもってしても、絶対に捉えられないような問題が、量産して初めて姿を現すのです。量の怖さ、量が増えてくると製品の質が変わってくるという現実に身震いした経験が何度もあります」

半導体は量産できて、なんぼの世界。量産の請け負いに特化してきた台湾のＴＳＭＣがここまで成長を遂げたのも、論理設計された半導体を実際に形にして、さらに大量生産にのせるという困難な仕事を確実にやり遂げてきたからだ。しかも集積回路の微細化が極限まで進むにつれ、製造装置への投資は桁違いに膨らみ、ファブレスはもとより投資を抑えたいメーカーからの発注はますますファウンドリの雄・ＴＳＭＣに集中する。

そのような状況に大きな一石を投じようというラピダスの挑戦を、小池の先輩に当たる小柳はどう見ているのか。小池の生産技術者としての力量とリーダーシップについては高く評価した上で、次のように答えた。

「やはり課題は、お金と人材です。ラピダスが二ナノの微細加工技術を自家薬籠中のものとしてビジネスを立ち上げるには、おそらく何兆円もの資金が必要になるはずです。それを国が本当に継続して支援してくれるのか。これまで国が関わった半導体プロジェクトで、長期的に支援が継続されたケースは記憶にありません。プロジェクトも数年やったらそれで終わり。経営破綻したエルピーダにしても、あのとき国が支援を決めていれば苦境を乗り切れたはずです。結局日本はＤＲＡＭメーカーを失ってしまいました。そのことは、小池さんもよくご存じでしょうから、手を打っていかれるとは思いますが。

人材については、日本人にこだわらず、海外から優れた人材を集めることができるのか。ＩＢＭから二ナノの技術を吸収するということですが、世界の半導体メーカーもラピダスが追いつくのを待ってはくれません。すでに二ナノ技術の実用化に向けて各社間違いなく動いています。微細加工の進化が止まっていた日本で育ってきた技術者だけでは、微細加工の技術を磨き続けてきたＴＳＭＣやサムスンやインテルには太刀打ちできないのではないかと心配です。お役人が大好きなオールジャパンというコンセプトでは勝ち目がないことは、小池さんもわかっていると思います。ぜひ、最先端の半導体量産技術に携わってきた人材を、海外から集めて欲しいと思います」

小柳が語った不安は、おそらくラピダスの挑戦を見守る多くの人々が抱いているものだろう。小池はこの疑問に、自らのアクションで答えていかなければならない。

それにしても、二〇二三年時点で、小柳は七六歳、東は七四歳、そして小池は七一歳を迎える。彼らセブンティーズの衰え知らずの挑戦を目の当たりにするにつけ、私のようなもっと若い世代（といっても、もう還暦目前だが）にはまだまだやれることがたくさんあるのではないかと背中を押される。

年齢の話に触れると、小池に「年齢を話題にするのは、日本のマスコミの悪い癖だ」と、いつも文句を言われてしまうのだが。

第八章

ラピダス・小池社長に問う

ＴＳＭＣやサムスンに先を越されるのでは？

片岡　一一月一一日、記者会見の壇上に立たれたとき、どんな気分だったんですか。

小池　自分としてはひとつの通過点であって、特別な思いはなかったですね。もうやることも決まっていたし、余計なことは話さないほうがいいな、と思っていました。

片岡　ずいぶん言葉を選ばれている印象でした。

小池　国から七〇〇億円も委託金をもらうわけですよ。それは国民の皆さんの税金ですから。自分たちが出した資金はたかだか数千万円しかない。神妙に真摯に話さなければならないと思っていました。最初から最後まで。

片岡　ところで、二〇二七年に二ナノメートル世代の微細加工技術を実用化するという計画ですが、ＴＳＭＣもサムスンも、その二年前の二〇二五年に二ナノ技術実用化を目指していますよね。

小池　もちろん、我が社も実用化しますよ。パイロットラインは二〇二五年からスタートするわけだから。

片岡　しかし、パイロットラインは試作の生産ラインですから、販売はされないわけですよね。

小池　そうですね。ただ、ＴＳＭＣやサムスンも、二〇二五年からお客に売るとは言っていません。

片岡　かなりの競り合いになるということですか。ただ、ＴＳＭＣやサムスンは現在三ナノ世代の量産は実用化に入っていますよね。

小池　量産に一部入っていますよ。しかし、三ナノ世代と二ナノ世代ではトランジスタの構造がフィン型からＧＡＡ型へと根本的に変わりますからね。二ナノについては、量産にたどりつく可能性があるのはＴＳＭＣだと私は見ています。

片岡　ラピダスはまだＩＢＭから二ナノの技術を学びましょう、という段階ですよね。

小池　すでにＩＢＭの研究所を訪ね、彼らの技術がどのようなものか、いま何に苦労しているのか、概ねわかってきました。

片岡　小池さんとしては、やるべきことはもう見えていると？

小池　まあ大変ですけれど。

片岡　仮の話で恐縮ですが、もしＴＳＭＣに先に二ナノ世代の技術を実用化されてしまうと、かなり大変なことになってしまうのでしょうか。

小池　仮にそうなったとしても、大変ということはない。ＴＳＭＣが二ナノテクノロジーの量産に成功しても、おそらく売り先はアップルなどこれまで付きあいのある特定の顧客になるでしょう。世界には二ナノテクノロジーを必要としている会社はいくらでもありますから。慌てることはありません。

TSMCとのビジネスモデルの違いについて

片岡　ところで、今回取材する中で、顧客に対するＴＳＭＣの手厚いサービスについて、高い評価を耳にしました。同じファウンドリとして、ラピダスは顧客とどう向き合うつもりですか。

小池　ＴＳＭＣは、お客さんファーストを掲げていますよね。すべては顧客のために、と。

ラピダスはそれとはちょっと違う方向を目指します。誤解を恐れずに言いますと、お客様は神様じゃないんですよ。お客さんの希望を全部聞いて、お客さんの希望通りに作るというのでは、本当にいい製品は生まれないと私は考えています。むしろ、製品の開発・設計段階からお客さんと一緒になって取り組み、場合によってはよりよい製品にするためにお客さんとは違う意見もぶつけていく。そして、製品の付加価値を最大限高めるための専用のロジック半導体を設計して作る。そういう覚悟が必要だと思います。
当然TSMCも、お客さんの希望通りとは言っても、お客さんが考えていることをものすごく分析して、先を行くようなことはやっているとは思いますよ。だけど、理想が「お客さんのために」というのは、少し違うと思うんですよ。やはり最後に目指すべきは「世の中のためにどれだけ役立つか、世の中にどれだけ貢献できるか」だと思っています。
片岡　そうすると、ラピダスは、「とにかく言われた通り作ってくれ」というような下請け的な発注は受けないと？
小池　そうですね、はい。やはり一緒になって、新しいものを生み出していくというパートナーシップでやっていかないと、1＋1が3になるという構造にはならないですから。
我が社は、とてつもなく大きな工場を作って、巨大なマーケットをとろうという考えではありません。今言ったようなことに価値を見いだしてもらえるお客さんとだけ組んでいくというのが、ラピダスのスタンスです。これは企業の新しいあり方を追求する挑戦だと思っています。
片岡　小池さんがおっしゃるような理念を共有できそうな取引先というのは、実際にあるのでしょうか。
小池　まず開発のパートナーであるIBMに期待しています。スーパーコンピュータや量子コンピューティング、その他の製品に喉から手が出るほど二ナノの技術を使いたいからこそ、今回の話を持ちかけてきたわけですから。

片岡　ＩＢＭ以外にもありますか？

小池　もちろんですよ。そうじゃないと、このビジネスモデルは成り立たないですから。

片岡　それはラピダスに出資した日本の大手企業ですか？

小池　そこにも期待していますが、いま話が進んでいるのはアメリカの企業です。

片岡　具体的な話も始まっているんですか？

小池　ＧＡＦＡＭのクラウドに使わないかという交渉は始まりました。それと、会社名は言えませんが、二ナノテクノロジーが実用化されれば、製品のアイデアを実現できるとして、話を始めている企業もあります。ネクストＰＣ、ネクストスマホ、ウエアラブル機器、そして私が一〇年ほど前に提唱した脳を活性化させるブレインアクティベーションツールなど、アメリカには二ナノテクノロジーを使って新製品を出したいというベンチャー企業は山ほどありますよ。

片岡　ベンチャーと言えば、ラピダスがベンチャー支援というビジネスモデルを掲げているのは、ＴＳＭＣがベンチャー企業を相手にしないから、と理解していたのですが、今回取材してみて、実際にはＴＳＭＣはＧＵＣというグループ会社を通じて日本のベンチャー需要も発掘していることに驚きました。

小池　最先端の微細加工技術を出していますか？

片岡　取材したケースでは、一二ナノでした。

小池　ですよね。ラピダスは最先端から三世代の技術に特化しますから、ベンチャー企業に対しても先端の技術を使って支援していくつもりです。

片岡　でも、その分コストがかかるのでは？

小池　たしかにそうですが、私はコストに対する考え方は変わってくるとみています。本当にいい製品は高いお金を出しても買おうという時代がすぐそこまで来ていると感じています。その一例が真にグリーンな製品です。

「真のグリーン化」とは

片岡　ラピダスの経営理念に「真のグリーン化に向けてイノヴェーションを推進する」という項目があります。この「真の」という言葉は何を意味しているのでしょうか。

小池　これから半導体が使われる場面はますます増えて、ものすごい量のエネルギーを消費することになると見られているわけですが、例えばある半導体メーカーは、消費電力の増加を二パーセントに抑える、などと言っています。気候変動で地球上の生物が危ういというときに、たった二パーセントしか増えません、と自慢していたらダメですよね。マイナスにしないと。今よりも電気の使用量をトータルで減らすことを目指すべきです。もう電力をほとんど消費しないというエコな世界を実現するために、われわれは徹底してローパワーの商品を目指します。

片岡　それをどうやって実現するのですか?

小池　だからこそ二ナノであり、GAAが必要なんです。エネルギーの消費をこれまでよりも大幅に減らせる方法があるわけですよ。我々が二ナノにこだわっている理由は、そこにあります。

片岡　ラピダスは二ナノでハイスピードよりもローパワーを目指すということですか。

小池　スーパーコンピュータ用のロジック半導体ではハイスピードも目指します。でも、これはそれほど量が出ないですよね。我々が主なターゲットとしている民生品に関しては、消費電力を徹底的に下げるというのを最優先の課題としてやっていきます。

地球の温暖化が進んでいるのに、そのことを本気で考えていない企業の製品など、誰も買わなくなりますよね。いくら儲かっていても、誰もそういう会社がいいとは思わないでしょう。全世界の考え方が変わってくるんですよ、間違いなく。これから五年以内に、そういうことを守らない会社からは、ものを買ってはいけないという風になるんです。特に若い世代は結構そういう意識高いですからね。

人材の確保と育成

片岡 今、実際に採用はどのくらい進んでいるのですか。

小池 二〇二二年度末までにエンジニアだけで八三人という目標は達成しました。いまは一〇〇人を超えています。毎日すごい数の応募があって、面接への対応で、ものすごく忙しい。

片岡 面接に来るのは、どんな人たちですか？

小池 半導体ビジネスの経験があって、ラピダスの構想に参画したいという人たちです。

片岡 現在、他の半導体メーカーで働いている方も？

小池 そういう人もいるし、半導体製造装置メーカーで働いている人もいるし、活躍の場を求めて海外に行ったけれど、ラピダスができたのなら日本に戻りたいという人もたくさんいますね。

ただ、全体として年齢層が高いんですよ。五〇代とか、六〇代の人もいます。経験をたくさん持っているのはその辺の人になるけれど。これからは若い人を採っていきたいですね。

片岡 ただ、若い世代の半導体技術者は、空洞化しているという話を耳にしますが。最近理系志望の優秀な学生というと、こぞって医学部を目指すというような印象もありますし。

小池 相対的な問題ですが、ある程度半導体に携わっていて、ラピダスに入りたいという若い人もいますよ。大学でも半導体分野は人気がなかったんですが、ここ二年ぐらいで変わってきたみたいですね。世の中では半導体が大事だという機運が高まっているので、敏感な学生は半導体を専攻するようになってきたようです。そういう人材をキャッチして、大学と一緒になって教育し、アメリカに送り込んでいくなどということも考えています。

片岡 以前から小池さんは「日本人はお金だけでは動かない」という話をされていましたが、面接の際に収入のことを気にする人は、結構いらっしゃいますか?

小池 人によりますね。やはり志は大事だけれど、皆さん、生活がかかっているわけです。例えば、子どもが三人いて、大学に通わせて、とか。

そこはいつも気にしていますよ。それに岸田政権でも、所得をもっと増やそうと動いている。その点でもラピダスはモデルになりたいと思っています。ただ、国の補助金をいただいている会社なので、その点は考慮しなければなりませんが。

片岡　では、技術者に対する給与は、平均よりも高めなんですか？

小池　役職や仕事の内容にもよりますが、高いと思います。そうでないと人材は集まらないですし、やはりそれなりに仕事をしてもらったら、それなりに高い給料を払わないとダメでしょう。特に海外から人材を呼ぼうと思ったらね。

片岡　外国人は採用されていますか？

小池　外国人の採用にはいろいろ気を付けています。日米で連携してこういうプロジェクトを進めていく上で、安全保障の問題を勘案して、慎重に人選しています。

片岡　エンジニアの中に、外国籍の方はいらっしゃるのですか？

小池　残念ながらまだいません。

片岡　ところで、今回の取材では女性のエンジニアのお話は聞けませんでしたが、実際に採用されているのでしょうか。

小池　まだ少ないですが、部長級のエンジニア一人、次課長級のエンジニアを二人採用しました。部長級の女性はルネサスをやめて外資系の半導体メーカーに転職し、二〇〇〜三〇〇人の部下を束ねるマネージャーの立場にありました。それでもラピダスで働きたいということで、Ｍｔ・Ｆｕｊｉプロジェクトのメンバーを通じて話があり、私自身が面接して採用しました。
片岡　それにしても三人とはまだまだ少ないですね。
小池　そうですね。うちに入ってもらったらすぐにアメリカに行ってもらうことになるし、国内での職場も北海道の千歳になりますから、現実問題としてなかなか手をあげてくれる女性人材はまだ限られていますね。私としては積極的に採用したいのですが。

資金は確保できるのか

片岡　一番気になるのは、やはりお金の話ですね。パイロットラインに二兆円、量産ラインに三兆円は必要とのことでしたが、国はどこまでお金を出してくれるのか、おおよその算段はついているのでしょうか。
小池　まだついていません。これからの検討課題です。
片岡　二〇二七年まではすべて国に出してもらうつもりですか。
小池　いえ、少なくとも量産ラインの立ち上げに必要な三兆円の半分は民間から集めようと思っています。このくらいの金額ならおそらく集まります、世界中から。投資をしても、回収できると思ってもらえるでしょうから。

片岡　そういう意味で言うと、パイロットラインを成功させることが、とても重要ですね。

小池　重要です。そしてこれは、国を挙げてやっていこうというプロジェクトです。七〇〇億円で一体何ができるんだと言う人がいましたが、それで終わりではありません。四月には二六〇〇億円の追加支援が決定しました。ただ、それを頂戴するには毎年着実に成果をあげ、毎年新たな予算を通してもらわなければなりません。

〝半導体不況〟の中の船出

片岡　少し前に、小池さんは「二〇二三年は半導体大不況になる」と話されていましたよね。

小池　ええ、メモリーの売り上げは半分になるでしょうね。

片岡　それは、シリコンサイクルの問題ですか？

小池　作りすぎと在庫の問題ですね。コロナ禍での需要も収まりましたし。ＧＡＦＡものすごく在庫を抱えていて、半導体メーカーにしても、アメリカのマイクロンはリストラを行っているし、韓国のサムソンも、それからＳＫハイニックスも大変厳しい状況です。

韓国が一番厳しいでしょうね。要はメモリーが厳しい。それに引きずられてロジック半導体も悪くなっているけれど、ロジック半導体の回復は早いでしょうね。多分、夏か秋ぐらいから少し回復してくると思います。

片岡　そんな中で、ラピダスは船出されたんですね。

小池　逆にチャンスだと思っています。世の中全部不況になっているのに、先を見込んで国がお金を出してくれているわけです。また、各社が人をリストラしているから、優秀な人材が集まってくる。我が社にとっては、とてつもないチャンスです。

（二〇二三年五月一二日）

エピローグ

北の大地にて

工場建設予定地の原野に立つ

「取材の方をこの先に案内するのは初めてですよ」

道をふさいでいた黄色いバリケードとカラーコーンを脇に寄せ、私を乗せた四WD車は荒れた道を白樺林の奥へと進んでいった。数日前に軽く降った雪のせいか、ひどいぬかるみに車輪をとられ、自動車はまるでシェーカーのように私を上下左右に揺さぶる。揺れが収まると、白樺林は姿を消し、目の前に原野が広がった。遠くからエゾシカの親子が、警戒するようにこちらに目を向けている。

「ここがラピダスの工場建設予定地です」

北海道千歳市、産業振興部企業振興課の小野雅広課長は車を止めて、私に降りるよう促した。この数十ヘクタールの土地だけがすでに整地が始まったかのように、高い木がほとんどない。

「造成が始まっているわけではありません。ここは火山灰系の土地なので、あまり植生がよくないんです。でも、地盤がしっかりしていることは調査済みです」

工事を管轄する安中大志郎係長が、そう付け加えた。安中係長は、ラピダス支援のため

工場建設予定地に立つ小野課長（左）、安中係長（右）

に新設される次世代半導体拠点推進室総務課の工事係長を兼務する。

取材を終えるに当たり、最後にどうしても訪ねておきたい場所だった。新千歳空港のすぐそばにある工業団地・千歳美々《びび》ワールドの第二期ブロックと呼ばれる原野。ここに、ラピダスの工場が建つ。

千歳市企業振興課にラピダスの富田から電話がかかってきたのは、去年一一月一八日の夕刻六時半ごろ。たまたま残業していた主任の菊池が電話を受けた。すぐに工場を建設できる一〇〇ヘクタールほどの土地を探しているという話に、菊池は興奮した。一週間前に行われたラピダスの記者会見の記事を読んで、「ラピダスの工場を千歳に誘致できたらすごいね」などとみんなで話していたところだった。菊池は上司に知らせて折り返し連絡する旨を富田に伝えた。

すでに帰宅していた課長の小野は、事務所からの連絡を受け「え！　ラピダスだって？　まさかだろ！」と腰を抜かすほど驚いた。その様子は家族も何事かと驚くほどだった。急ぎ事務所に向かった小野だが、これは本当の話なのだろうかと、まだ半信半疑だった。というのも、ＴＳＭＣの日本への誘致が話題になったころ、得体の知れない人物から「千歳市にＴＳＭＣの工場を誘致するお手伝いをします」というような、いかがわしい電話がいくつもかかってきたからだ。それでも事務所に到着し、富田が残した携帯電話の番号に折り返したあと、職員がほとんどいない夜の事務所は大いに沸いた。

「ラピダスの進出を全力で支援したい」

四日後の一一月二二日、小野は上司の次長とともに、東京・麹町のラピダス本社を訪ねた。そこには富田だけでなく、あの記者会見のニュースで見た社長の小池も姿を現した。緊張する小野たちに小池はざっくばらんに話しかけた。

以前千歳市にあった日立北海セミコンダクタという半導体製造子会社の生産ライン立ち上げのために千歳市に長く滞在したこと。そのときよく行ったおいしいジンギスカン料理の店についてなど、千歳での思い出を小池は懐かしそうに語ったという。これはいけるかもしれない、小野は脈動が高まるのを感じた。

当初小池は二〇二二年の年末までには工場の建設予定地を発表したいと話していた。実際、一二月半ばに私がラピダスの本社にいたとき、ある地方自治体の代表団と出くわした。てっきりそこに決まったのかと思ったが、候補地の選定にはもう少し時間がかかった。

ラピダスは与党政権の支援を受けているので、当然与党が推す知事や市長が治める自治体に工場を建てるのだろうとは思っていたが、政治的に安定しているかどうかも重視したという。

他にも条件として、拡張性のある広大な工場用地と水・電力を確保できること、交通の便が悪くないこと、地域の住民から歓迎されること、そして自然豊かで人々が訪れたくなる環境であることなどを小池は挙げていた。

それなら北海道も有力候補ではないかと思ったが、小池が「千歳は最近雪が結構降りますからね」と私に話していたので、北海道はないのだろうと、すっかりだまされてしまった。千歳の年間降雪量は札幌の半分ほどだという。

一一月二二日の訪問以降、三度の行き来を重ね、今年一月二七日、小池と東は富田とともに、この美々ワールドを訪ねた。原野にはまだ雪が残っていたが、小池は工場建設予定地よりも、その周辺の土地の用途や道路事情について小野たちに尋ねてきた。すでにこの時点で、小池はここに工場を建設することを決めていたようだ。

そのあと北海道の鈴木直道知事による誘致プレゼンを経て、二月二八日、千歳市の美々ワールドにラピダスの工場を建設する旨が、知事と千歳市長に正式に伝えられた。

鈴木知事は「世界最先端、最高水準の半導体を北海道から世界に届けていく。一緒に実現していきたい」と記者会見で語り、道庁を訪れた小池とかたい握手を交わした。

また北海道機械工業会の松本英二会長は「北海道が半導体と関わる大きなチャンス」と期待を示し、北海道経済連合会の真弓明彦会長は「道外企業の北海道進出に弾みがつくことを期待している」とコメントした。

ラピダスの工場進出に沸く北海道の人々の声を聞き、一九九七年末に放送したNHKスペシャル「金融不安　いま日本経済に何が起きているか」という番組に参加したときのことを思い出した。この年の晩秋に起きた金融危機は、北海道拓殖銀行（拓銀）の経営破綻から本格的に始まった。番組では、拓銀の破綻で連鎖的に経営難に陥っていく地元企業の現状が克明に報告された。あれから四半世紀、この北海道の地から、ニッポン半導体再生のプロジェクトが立ち上がることに、感慨を覚えずにはいられない。

そういえば、小池は千歳への工場建設を決めたあと、こんなことを話していた。

「九州にはTSMCが進出し、中四国にはマイクロンの広島工場、近畿中部にはキオクシア・ウエスタンデジタルの四日市工場があり、関東にはルネサスのひたちなかの工場、東北には岩手の北上にキオクシア・ウエスタンデジタルの工場があります。しかし北海道にはないんですよね。ここで北海道に行かない手はないでしょう」

工場の進出先となる千歳市には、三つの自衛隊基地や一一の工業団地があり、道内では数少ない、人口が増加している自治体だった。しかし、コロナ禍で工場の操業が止まって従業員の雇い止めが相次ぎ、人口は九万八〇〇〇人から九万七〇〇〇人へと減ってしまった。小野や安中は、ラピダスの工場を迎えることで、千歳の街にこれまで以上の活気がもたらされることを心から願うとともに、ラピダスの進出を全力で支援したいと語った。

イームを核とするインテリジェント・シティ

私はラピダスの工場建設予定地に立ち、小池が描いていた工場の完成予想図を思い浮かべていた。それは工場の完成予想図というよりも、緑あふれるひとつの広大な街、というイメージだった。そこには工場らしい工場は見当たらない。何と、緑の小高い丘の内部に工場を作ろうというのが小池のアイデアだった。

工場建設に手を挙げたゼネコンも、これには驚いたようだ。さすがに無理だと言って、小池の理想に近づけるべく検討を重ねた末に、なだらかに弧を描く屋根がすべて緑に覆われ、周囲の緑地と一体化した、見たこともない工場の図案が出来上がった。小池は鹿島建設にその建設を任せることに決めた。

「片岡さん、これを工場とは呼ばないでください。イーム（ＩＩＭ：Innovative Integration for Manufacturing）と名付けました」

と、うれしそうに語った。

興味深いのは、イームの周辺に研究施設やホテル、宿泊できる研修所なども描かれていることだ。美々ワールドは新千歳空港の飛行ルート直下にあるため通常の住居や大型の商業施設は建設できないが、小池はここに世界から技術者や研究者を集め、人材育成やテクノロジーを生み出すインテリジェント・シティを創り出そうと構想しているようだ。

その核となるイームは、将来的にＡＩが製造を管理する完全自動化工場を目指すという。それだと工場は雇用を生み出さないのではないかと尋ねると、人間には人間にしかできない仕事があると小池は言い切った。

小池は著書『シンギュラリティの衝撃』（ＰＨＰ研究所）の中で「人間が、このマシーンに負けない目的とゴールを持っているかが勝負である」と語っている。イームは、小池にとって自ら著作で描いた「AI時代における人間の役割」を見いだしていく実験場でもある。

さらに小池は鈴木知事とともに北海道バレー構想なるものを練っているという。北海道大学のキャンパスがある札幌市は現在、駅前再開発が進んでおり、IT企業が続々と進出しているそうだ。その南東には北海道日本ハムファイターズの新本拠地があるボールパークFビレッジがオープンした北広島市があり、花のまちづくりが盛んな恵庭市、そして千歳市へと続き、以前から産業ツーリズムを掲げている港湾都市・苫小牧市へと抜けていく。

JR千歳線で一時間ほどで結ばれるこのエリアを、先端技術開発と観光・エンターテインメントの集積地として総合的に開発しようという構想だ。その中でイームを核とする千歳のインテリジェント・シティには、すでに美々ワールド第一期ブロックにある公立千歳科学技術大学に加えて、世界中の大学の出先機関を迎え、先端技術の研究・開発、そして人材育成の一大拠点にしたいと小池は語る。構想は、ひとつの半導体工場の建設を超えて膨らんでいく。

日本の命運をかけたプロジェクトの成功を祈る

ニッポン半導体を再生し、日本が世界に貢献できるだけの産業力を取り戻す。

この高邁な理念から立ち上がったラピダスのプロジェクトだが、ここまで取材してきて、小池にはもうひとつ大きな思いがあるのではと感じるようになった。

かつて半導体の生産ではバッチ式が常識とされる中、三〇〇ミリウエハーを使ったオール枚葉式生産システムを打ち出して世界を驚かせたときのように、小池は日本の社会や私たちの心にはびこる悪常識を打ち破ろうと試みているのではないだろうか。

「そんなことはできるはずがない」「それはこうするものなんだ」「決まった話だから仕方がない」「工場とはこういうものだ」といった常識を盾にした思考停止状態。私が知るかぎり、小池はこれをずっと昔から憎み続けてきた。そして小池は我が身をもって、それを打ち破ってきた。

プライベートでも、弱小チームだったハリケーンズを総監督としてアメフトＸリーグのトップであるＸ１に昇格させたり、六〇代にして四〇歳以上のシニアチームでタッチダウンを決めたり、七〇代にして鈴鹿サーキットでＢＭＷのバイクを時速二五〇キロ以上で走らせたりと、その常識破りの挑戦にはいつも驚かされてきた。

そして今回、従心の歳を迎えた小池は、東という最高のパートナーを得て、官僚や政治家も巻き込んだラピダスプロジェクトを立ち上げた。「いまさら世界最先端の二ナノ技術なんてモノにできるはずがない」という常識に抗ってだ。それは「日本はこのままダメになってしまうのではないか」というあきらめにも似た空気を、一刀両断に切り裂こうという試みにすら思える。

しかし、これまで述べた数々の構想や思いも、二〇二五年のパイロットラインの成功、二〇二七年の量産化成功、さらに小池が掲げる先端三世代テクノロジーによる製品開発伴走モデルがビジネスとして成り立たなければ、すべて絵に描いた餅に終わってしまう。そして、もしこのプロジェクトが失敗に終われば、「やっぱりね。無理なんだよ、いまさら」というあきらめの空気がより密度を増して日本全土を覆ってしまいかねない。

私たちの税金という燃料を積み込み、技術立国日本の未来を乗せて滑走状態に入ったラピダスの使命は、とてつもなく重い。それは、小池や東、そしてMt・Fujiプロジェクトの段階から加わっていたメンバーたちが、一番感じていることだろう。

そんな思いを巡らせているうちに、東京に戻るフライトの時刻が近づいてきた。北海道日帰り取材という強行軍をねぎらってくれたのか、千歳市企業振興課の小野と安中は、最後にラピダスの建設予定地に隣接する千歳湖とその周辺を案内してくれた。私が訪れたのは三月末、水辺にはヤツメウナギの群れが踊り、そこかしこで水芭蕉がつぼみを広げようとしていた。

「ねえ、片岡さん、いい場所を選んだでしょう」という小池の弾んだ声が聞こえたような気がした。

いま一度、小池が描いた完成予想図を思い浮かべ、目の前に広がる自然豊かな風景と重ね合わせながら、北の大地から始まる日本の命運をかけたプロジェクトの成功を祈った。

おわりに

今回執筆のお話をいただいたビジネス社の中澤直樹さんとは、もう二二年のつきあいになる。初めてお目にかかったのは、二〇〇一年の春頃だった。外務省が発行する機関誌に掲載された私の記事を読まれて、連絡をくださった。その記事は、私が企画・制作を担当した日本のものづくりに関する三本のＮＨＫスペシャルについて書いたものだった。

国際技能オリンピックをドキュメントした「一〇〇〇分の一ミリの戦い」（一九九七年九月放送）。精密機器組立日本代表の田上俊一選手が、オリンピック委員会が練りに練って出題したはずの図面に間違いがあることを指摘し、見事金メダルを獲得したことで話題となった。

「世紀を越えて　摩擦の壁を打ち破れ」（二〇〇〇年八月放送）は、二一年七か月かけて幻の変速機・トロイダルＣＶＴを実用化した技術者たちの物語。主役の町田尚さんはのちにベアリングメーカー・日本精工の副社長にまでなられ、退任後はコメンテーターとしてＮＨＫの経済番組にたびたびご出演いただき、私が解説委員だったころ何度も共演させていただいた。

そして、中澤さんとお会いしたときに放送間近だった「常識の壁を打ち破れ」（二〇〇一年五月放送）。セル生産方式を考案された産業コンサルタントの山田日登志さんによる工場改革のドキュメンタリーだ。

当時ＰＨＰ研究所に勤めていた中澤さんは、これら三本のＮＨＫスペシャルについての記事を読まれ、私に日本のものづくりに関する本を書いて欲しいと、ＮＨＫまで訪ねてこられた。この上なくありがたい話だったのだが、いろいろあってＰＨＰ研究所ではなく、ＮＨＫ出版から山田日登志さんと共著で『常識破りのものづくり』という本を出すことになった。

私としては最初にお話をいただいた中澤さんを結果として袖にすることになり、大変心苦しく思っていた。そこで、山田日登志さんや、先の町田尚さんを執筆者として中澤さんに紹介するなど、おつきあいを続けてきた。というよりも、親しくさせていただいている企業人の皆さんから「本を書いてみようと思うのですが」と相談を受けた際、まず頼りにするのが中澤さんだった。小池淳義さんも、そうした企業人のひとりだった。小池さんを中澤さんに紹介したところ、いつものようにとんとん拍子で話が進み、『シンギュラリティの衝撃』の出版に至った。

その中澤さんがＰＨＰ研究所を退職されてビジネス社に移られた。出版不況と言われる中、自身の思いを込めた本の企画が通らなくなったことが退職のひとつの理由だったそうだ。ＰＨＰ研究所ではかなり責任ある立場にいらっしゃったので、よく思い切られたものだと、ＮＨＫにしがみついているわが身を顧みて感心させられた。

そんな私に、中澤さんから「日本の半導体に関する本を書いてほしい」という依頼をいただいた。これまで共著では何冊か書いてきたが、単著では初めてとなる。しかも、テーマは技術的な専門用語への理解が欠かせない半導体だ。私のようなジャーナリストが専門的な知識について書いても仕方がないので、それならば小池さんについて書かせて欲しいと中澤さんにお願いした。

日本の半導体のターニングポイントとなる時代を技術者として、また経営者として歩んでこられた小池さんについて、以前から何かの機会にドキュメンタリーを制作するか、あるいはルポを書いてみたいとずっと考えていた。

それともうひとつ、小池さんと電話でお話していたとき、何か新しいチャレンジを心に秘めていらっしゃるような印象を受け、気になっていた。まさか、それが政府をも動かすこれほどのプロジェクトだとは、思いもよらなかったが。

本当は、ラピダスが旗揚げして間もないうちに原稿を書き上げられればよかったのだが、勤務時間外や休日にしか執筆の時間はない。しかも今回は自分自身が現場でドキュメントした番組に即して物語を書くわけではないので、小池さんや東さんをはじめとする皆さんへの聞き取り取材が新たに必要だった。そのため、休暇をとって大阪、仙台、北海道に日帰りで足を運ぶことにもなった。

大変ご多忙な中、取材にご協力いただいた皆様と、原稿の上がりを粘り強く待っていただいた中澤さんに心から感謝したい。書籍のタイトルは、編集者である中澤さんに画竜点睛を打っていただきたく思い、一任させていただいた。

最後に、家族思いの小池さんにあやかって、私の両親の話でこの本を締めさせていただきたい。

父・孝行は、おととし胆管がんの手術後に起きた敗血症で亡くなった。八四歳になったばかりだった。父は七〇歳ごろまで一人親方としてガラスの施工を生業としてきた。主に新装開店する店舗にガラスを入れる仕事だった。

私は小さいころから父の仕事に同行して、手伝いとも言えない程度の手伝いをして小遣いをもらっていた。先端にダイヤモンドがついたガラス切りという道具で、手際よく狙いの寸法にガラスを切りそろえ、サンダーと呼ばれる研磨機で切り口を整える父の姿が記憶に残っている。

大学生になっても、たまに帰省した際には手伝いに出た。ＮＨＫに入ったあと、一九九五年の阪神淡路大震災の取材で神戸三宮を訪ねたとき、復興を目指す商店街の店舗にガラスを入れる父の姿を見つけて声をかけたのが、懐かしい思い出だ。母・厚子は専従者として経理面で父の仕事を支えてきた。

子どもに親の仕事を見せるのは、とても大事なことだと思っている。自分が親のどんな仕事によって養われているのか、親の家庭外での姿や人間関係はどうなっているのか、そんなことを知る貴重な場だ。子は親の背中を見て育つというが、最近私が感じているのは、親は人がいかにして老いを迎え、この世を去っていくのかを身をもって我が子に教えてくれる存在だということだ。

元気だった両親が、七〇を越えたあたりから急激に老いと病に苦しめられるようになっていく姿は、いま考えると未来の自分の映し鏡のように思える。私自身が還暦を目の前にしているから、そう感じるようになったのかもしれない。自分に残されている時間には誰しも限りがあるという真理を、鈍感な私も少しは我が事として感じられるようになってきた。

父は奇しくも私の誕生日になくなった。人の命と思いは、親から子へと受け継がれていくものだということを、父が私に教えてくれたのだろうか。

そして、母はひとりになった。私がＮＨＫに入局して一年目に担当した「土曜倶楽部」という番組のスタジオギャラリーに母を呼んだ際、収録前に司会の笑福亭鶴瓶さんが母を見ながら「あのお母さんきれいやなぁ。若いころはえらいべっぴんさんやったやろうな」とつぶやく声がマイクを通して副調整室のディレクター席にいる私に聞こえてきた。さすがに鶴瓶さんに「私の母です」とは言えなかったが、収録が始まると鶴瓶さんが母のところに行って「どこからいらっしゃったんですか」とインタビューを始めたのには驚いた。当時母は五〇歳を超えていたものの、まだまだ若々しかった。それがいつ頃だったか、四度も脳梗塞を患い、体に障害が残った。命に別状がなかったのが幸いだった。

長男である私は、初任地の大阪局に四年半いたあと、ずっと大阪の親元から離れて東京渋谷の放送センターで働いてきた。ひとりになった母をどうケアしていくのか、私ぐらいの年齢になると多くの人が体験することになる親の介護という課題だが、幸い私には頼りになる妹の恵津子がいる。頼りにならない長男の私にできるのは、父の冥福と母の長寿を願い、これまでの感謝の思いを込めてこの本を両親に献呈することぐらいのものだ。

片岡利文

主要参考文献

書籍

・小池淳義『シンギュラリティの衝撃』（ＰＨＰ研究所 二〇一七年）
・玉置直司『インテルとともに ゴードン・ムーア 私の半導体人生』（日本経済新聞社 一九九五年）
・垂井康夫『超ＬＳＩへの挑戦 日本半導体五〇年とともに歩む』（工業調査会 二〇〇〇年）
・大見忠弘『復活！日本の半導体産業　未来を拓く志』（財界研究所 二〇〇四年）
・湯之上隆『日本「半導体」敗戦』（光文社 二〇〇九年）
・牧本次生『日本半導体 復権への道』（ちくま新書 二〇二一年）
・山田日登志 片岡利文『常識破りのものづくり』（ＮＨＫ出版 二〇〇一年）

論文

・小柳光正『半導体はどこまで進化するのか？ 三次元集積回路が拓く電子産業の未来と社会』 日本能率協会総合研究所 ＭＤＢ技術予測レポート 二〇二三年五月
・小柳光正『メモリー王国復活への期待』 応用物理 第七五巻 第九号 二〇〇六年九月一〇日
・藤田 実『一九九〇年代の半導体産業 ―逆転と再逆転の論理』 企業環境研究年報Ｎｏ．五 二〇〇〇年一一月
・谷光太郎『ＤＲＡＭ一社、システムＬＳＩ三グループ体制の発足』 山口大学経済学会 二〇〇三年三月
・瀬尾悠紀雄『電子式卓上計算機技術発展の系統化調査』 国立科学博物館技術の系統化調査報告第六

巻　二〇〇六年三月

・金　恵珍『日本および韓国のＤＲＡＭにおける技術差異』アジア経営研究二〇〇九年一五巻

・犬塚正智『韓国半導体産業のＤＲＡＭ戦略―サムスン電子のケースを中心に』創価経営論集　二〇一〇年三月

・中谷隆之『二〇一七年版第四回半導体技術の概要と動向』平成二九年度　群馬大学電気電子工学特別講義Ⅱ　二〇一七年一〇月

・三輪晴治『日本半導体産業の発展と衰退』世界経済評論ＩＭＰＡＣＴ　Ｎｏ・二一五九　二〇二一年五月二四日

以下、武田計測先端知財団

・『大見忠弘　ウルトラクリーンテクノロジーの創設』二〇〇五年九月一五日

・『先端ＳｏＣ基盤技術開発（ＡＳＰＬＡ）―夢見た日の丸ファウンドリー』二〇〇八年九月一九日

記事

・『私の履歴書 東哲郎（東京エレクトロン元社長）全二九回』日本経済新聞　二〇二一年四月一日～四月三〇日

・『東北大学 産学連携ものがたり ○七 小柳光正　世界に注目される「三次元集積回路技術」で国際規模のビジネスを創出』二〇一二年七月

・『開発秘話：一ＭＤＲＡＭ』ＳＥＭＩ Ｎｅｗｓ 二〇一〇年Ｎｏ・二

以下、日経ビジネス

・『二ナノ半導体「日本でやるしかない」、ラピダス生んだ辛酸と落胆　敗れざる工場【一】』二〇二

三年二月八日
・『ラピダスの東哲郎会長「日本は諦めすぎ、こんなものじゃない」敗れざる工場【二】』二〇二三年二月九日
・『編集長インタビュー　波に強いヨットを目指せ　東哲郎氏』二〇二一年六月七日
以下、NIKKEIリスキリング
・『半導体のカリスマ経営者 二七歳で学者断念し新興企業』　東京エレクトロン取締役相談役の東哲郎氏（上）二〇一七年一〇月三日
・『「幻の日米連合」　半導体のカリスマ経営屋が今語る　同(中)』二〇一七年一〇月一〇日
・『「だらしない」と決断迫られ、四六歳で東エレク社長に　同(下)』二〇一七年一〇月一七日
以下、日経XTECH
・【電子産業史】一九七九年　超エル・エス・アイ技術研究組合』二〇〇八年八月一二日
・『【電子産業史】一九九二年　半導体に見る日本メーカーの凋落』二〇〇八年八月二二日
・『共同ファブはなぜ破綻したのか　第一回 日本半導体復活の切り札』二〇〇九年三月二日
・『共同ファブはなぜ破綻したのか　第二回 度重なる失敗の教訓は』二〇〇九年三月三日
・『「東北の復興を象徴する三次元ＬＳＩの世界的拠点に」、東北大が三〇〇㎜対応の試作用ラインを公開』二〇二三年九月二四日
・『日米半導体協定の終結交渉の舞台裏、「まさに戦争だった」第一回 失われた一〇年』二〇二〇年二月一〇日(元記事二〇一一年一〇月一七日)
以下、東洋経済ONLINE

・『国策半導体の失敗、負け続けた二〇年の歴史、親会社・国依存から脱却を』二〇一二年四月二四日
・『「闘う独創研究者」西澤潤一博士が逃がした大魚「ミスター半導体」の功績を振り返る』二〇一八年一〇月二八日
以下、SEAJ Journal
・『わが社の歴史～半導体産業とともに歩んできた東京エレクトロンの歴史～』二〇一一年五月No・一三二
・『半導体のはなし　第一九回　半導体の歴史　その一八　二〇世紀後半　日本における半導体メモリの発展』二〇一一年五月No・一三二
以下、日本半導体歴史館（半導体産業人協会）
・『一九八六年 世界半導体市場における日本半導体シェアは米国を抜き世界の第一供給者となった』二〇一八年一〇月一七日
・『一九九三年から一九九六年　Windows対応PCブームを背景に世界半導体市場は前年比 三〇％台の好況を維持』二〇一〇年一〇月二七日
・『一九九八年　DRAMシェアで韓国メーカーが日本メーカーを逆転』二〇一〇年一〇月一五日
その他
・経済産業省『次世代半導体の設計・製造基盤確立に向けて』二〇二二年一一月
・『角南英夫・研究開発履歴　トレンチセル』
・ソニーグループについて　SonyHistory　第一部第五、六、七章

〔著者略歴〕

片岡利文（かたおか・としふみ）

1964年大阪市生まれ。東京大学教育学部教育心理学科卒。NHKエグゼクティブ・ディレクター。長年、ドキュメンタリーディレクターとしてものづくりや中国に関する「NHKスペシャル」「クローズアップ現代」を制作。2012年にディレクター兼務の解説委員に就任、NHKスペシャル・シリーズ「メイド・イン・ジャパン　逆襲のシナリオ」、「ジャパンブランド」では制作者でありながら、スタジオにも出演（2021年6月まで解説委員兼務）。一方で、取材者目線で書いたナレーションを自らの声で読むドキュメンタリーを追求、ソニー元会長の出井伸之氏、京セラ名誉会長の稲盛和夫氏、大峯千日回峰行満行者の塩沼亮潤大阿闍梨、世界のAI・ロボット最前線、たたら製鉄による玉鋼づくりなどのテーマで実践してきた。著作はいずれも共著で、『常識破りのものづくり』（NHK出版）『モノづくりと日本産業の未来』（新評論）『激流中国』（講談社）など。

Rapidus《ラピダス》 ニッポン製造業復活へ最後の勝負

2023年 7 月 1 日　第 1 版発行

著　者　片岡利文

発行人　唐津 隆

発行所　株式会社ビジネス社

〒162-0805　東京都新宿区矢来町114番地　神楽坂高橋ビル 5 階
電 話　03(5227)1602（代表）
FAX　03(5227)1603
https://www.business-sha.co.jp

印刷・製本　株式会社光邦
カバーデザイン　齋藤 稔（株式会社ジーラム）
本文組版　有限会社メディアネット
営業担当　山口健志
編集担当　中澤直樹

ISBN978-4-8284-2529-0

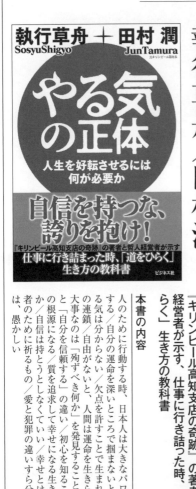